全国煤矿安全技术培训通用教材

煤矿掘进机操作作业

中国煤炭工业安全科学技术学会煤矿安全技术培训委员会
应 急 管 理 部 信 息 研 究 院　组织编写

应急管理出版社
·北　京·

图书在版编目（CIP）数据

煤矿掘进机操作作业/中国煤炭工业安全科学技术学会煤矿安全技术培训委员会，应急管理部信息研究院组织编写．－－北京：应急管理出版社，2019

全国煤矿安全技术培训通用教材

ISBN 978 - 7 - 5020 - 7175 - 2

Ⅰ．①煤…　Ⅱ．①中…　②应…　Ⅲ．①煤巷—巷道掘进机—操作—安全培训—教材　Ⅳ．①TD421.5

中国版本图书馆 CIP 数据核字（2019）第 065616 号

煤矿掘进机操作作业（全国煤矿安全技术培训通用教材）

组织编写	中国煤炭工业安全科学技术学会煤矿安全技术培训委员会
	应急管理部信息研究院
责任编辑	成联君　杨晓艳
责任校对	陈　慧
封面设计	于春颖
出版发行	应急管理出版社（北京市朝阳区芍药居 35 号　100029）
电　话	010 - 84657898（总编室）　010 - 84657880（读者服务部）
网　址	www.cciph.com.cn
印　刷	北京雁林吉兆印刷有限公司
经　销	全国新华书店
开　本	710mm×1000mm$^1/_{16}$　　**印张** 8$^3/_4$　　**字数** 157 千字
版　次	2019 年 5 月第 1 版　2019 年 5 月第 1 次印刷
社内编号	20180454　　　　　　　　**定价** 27.00 元

编　委　会

前　言

党中央、国务院高度重视煤矿安全生产工作。特别是党的十八大以来，习近平总书记就安全生产工作做出一系列重要指示批示，其中对煤矿安全生产工作的系列指示批示为做好新时代煤矿安全生产工作提供了行动指南。近年来，各产煤地区、煤矿安全监管监察部门和广大煤矿企业深入贯彻落实习近平总书记关于安全生产重要论述，按照应急管理部和国家煤矿安监局的工作部署，紧紧扭住遏制特大事故这个"牛鼻子"，扎实推进各项工作措施落实，全国煤矿安全生产工作取得明显成效，实现事故总量、较大事故、重特大事故和百万吨死亡率同比"四个下降"，煤矿安全生产形势持续明显好转。

同时，我们也要清醒地看到，煤矿地质条件复杂，技术装备水平不高，职工队伍素质有待提升，安全管理薄弱，我们还不能有效防范和遏制重特大事故，个别地区事故反弹，诸多突出问题亟待解决，安全生产形势依然严峻。为此，必须以践行习近平新时代中国特色社会主义思想的高度，从维护改革发展稳定、增加人民福祉的大局出发，以对党和人民高度负责的精神，认真落实党中央、国务院有关安全生产的指示精神，高度重视安全教育和培训工作对搞好煤矿安全工作的重要作用，牢固树立安全第一的思想，落实安全生产责任，切实加强煤矿安全生产工作。各类煤矿企业都要根据国家有关法律法规关于对企业从业职工进行安全教育和培训的规定，根据国家煤矿安监局提出的"管理、装备、素质、系统"四并重的煤矿安全基础工作理念，以及新颁布的《煤矿安全培训规定》要求，大力加强和规范煤矿安全教育和培训工作。

　　为了配合做好新形势下煤矿安全教育和培训工作，在中国煤炭工业安全科学技术学会煤矿安全技术培训委员会、应急管理部信息研究院的支持下，应急管理出版社与全国有关煤矿安全中心通力合作，根据当前我国煤矿安全培训的实际和要求，以2004年出版的《全国煤矿安全技术培训通用教材》为基础，对其进行了重新修订编写。它的编写出版，对于搞好煤矿安全培训工作，提高各类煤矿企业干部职工的整体安全技术素质，增强安全生产的意识和法制观念，使煤矿职工真正做到遵章守纪、安全作业，切实减少和杜绝事故，具有重要作用。特别是本次新编通用教材总结过去的经验，扬长避短，力求更具有系统性、科学性和准确性，突出其针对性、实用性。本次新编通用教材将煤矿安全生产知识、法律法规公共部分与专业安全技术理论知识分开编写出版；专业安全技术分册按照《煤矿特种作业安全技术实际操作考试标准（试行）》的要求增加了实操培训内容；各册封底配有二维码，可微信扫描进行模拟测试，测试题紧扣国家题库，课后多加练习有利于提高通过率。本次新编通用教材是一套对煤矿各级干部、工程技术人员、特种作业人员和新工人进行系统安全培训的好教材。

　　在教材编写过程中，得到了中国煤炭工业安全科学技术学会煤矿安全技术培训委员会、各煤矿安全技术培训中心和有关煤矿企业及大专院校的大力支持。在此，谨向上述单位与教材编审人员深表谢意。

编　者
二〇一九年三月

目　　录

安全技术知识

安 全 操 作 技 能

安全技术知识

第一章 掘进生产技术

第一节 巷道掘进概述

为了开采煤炭，从地面向地下开掘的各类通道和硐室都叫作巷道。开掘这些通道和硐室所采用的作业方法叫作巷道掘进方法。巷道掘进方法是掘进方法和掘进工艺的总称，包括钻爆掘进和机械化掘进。开凿平硐、斜井和立井时，井口与坚硬岩层之间的井巷必须砌碹或者用混凝土砌（浇）筑，并向坚硬岩层内至少延深 5 m。在山坡下开凿斜井和平硐时，井口顶、侧必须构筑挡墙和防洪水沟。

一、巷道分类

（一）按巷道的空间特征和用途分类

按巷道的空间特征和用途不同，矿井巷道可分为垂直巷道、水平巷道和倾斜巷道 3 类。

1. 垂直巷道

（1）立井，是指有出口直接通到地面的巷道，如图 1-1 所示的 1。立井是进入煤体的一种方式。按用途不同，立井有位于井田中央担负提煤任务的主立井；有担负全矿人员、材料、设备等辅助提升任务的副立井；有用来担负矿井通风的风井。

（2）暗立井，是指没有出口直接通到地面的垂直巷道，通常装有提升设备，如图 1-1 所示的 4。暗立井一般用来连接上下两个水平，担负由下水平向上水平的提升任务。暗立井分为主暗立井和副暗立井。

（3）溜井，是指用来从上部向下部溜放煤炭的垂直巷道，如图 1-1 所示的 5。

2. 水平巷道

（1）平硐，是指有出口直接通到地面的水平巷道，是进入煤体的方式之一，如图 1-1 所示的 3。按所担负的任务不同，平硐有主平硐、副平硐之分。

（2）平巷，是指没有出口直接通到地面，沿岩层走向开掘的水平巷道。开在岩石中的平巷叫作岩石平巷，开在煤层中的平巷叫作煤层平巷。按用途不同，平巷有运输平巷、行人平巷、进风平巷或回风平巷等。按服务范围不同，平巷有阶段（水平）平巷、分段平巷和区段平巷等。

（3）石门，是指没有出口直接通到地面，与岩层走向垂直或斜交的水平岩石巷道，如图1-1所示的6。按用途不同，石门有运输石门、进风石门、回风石门等。按服务范围不同，石门有阶段石门、采区石门等。

（4）煤门，是指与煤层走向垂直或斜交的煤层平巷。煤门长度取决于煤层厚度和倾角，一般情况下只在厚煤层中才掘煤门。

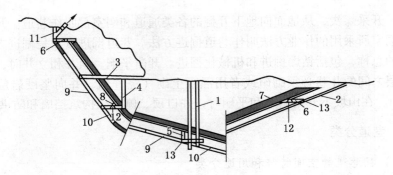

1—立井；2—斜井；3—平硐；4—暗立井；5—溜井；6—石门；7—煤门；
8—煤仓；9—上山；10—下山；11—风井；12—岩石平巷；13—煤层平巷

图1-1　矿井巷道分类

3. 倾斜巷道

（1）斜井，是指有出口直接通到地面的倾斜巷道，也是进入煤体的方式之一，如图1-1所示的2。按用途不同，斜井有主斜井、副斜井和回风井。按所在岩层层位不同，斜井有岩石斜井和煤层斜井。按空间特征不同，斜井有顺层斜井、穿层斜井、反斜井和伪斜井。

（2）暗斜井，是指没有出口直接通到地面，用来联系上下两个水平并担负提升任务的斜巷。暗斜井有主暗斜井和副暗斜井之分。

（3）上山，是指没有出口直接通到地面，位于开采水平之上，连接阶段运输平巷和回风平巷的倾斜巷道。按用途不同，上山可分为运煤的运输上山和运送材料、设备的轨道上山。按服务范围不同，上山可分为阶段上山和采区上山。

（4）下山，是指位于开采水平以下，作用与上山作用相同的倾斜巷道。

此外，斜巷还有行人斜巷、联络斜巷、溜煤斜巷、溜煤眼、管子道等。

（二）按巷道的服务范围和用途分类

按巷道的服务范围和用途不同，矿井巷道又可分为开拓巷道、准备巷道和回采巷道 3 类。

1. 开拓巷道

为全矿井或一个开采水平服务的巷道属于开拓巷道。例如，主副井和风井、井底车场、主要石门、阶段运输和回风大巷、采区回风和采区运输石门等井巷，以及掘进这些巷道的辅助巷道都属于开拓巷道。

2. 准备巷道

为采区、一个以上区段或分段服务的运输、通风巷道称为准备巷道。属于这类巷道的有：采区上（下）山、区段集中巷、区段石门、采区车场等。

3. 回采巷道

形成采煤工作面及为其服务的巷道称为回采巷道。属于这类巷道的有：采煤工作面开切眼、区段运输平巷和区段回风平巷。

开拓巷道的作用在于形成新的或扩展原有的阶段或开采水平，为构成矿井完整的生产系统奠定基础。准备巷道的作用在于准备新的采区，以便构成采区的生产系统。回采巷道的作用在于切割出新的采煤工作面并进行生产。

二、围岩

围岩是巷道四周围绕的岩石，对破岩和支护工作有直接影响。

1. 煤矿常见岩石

在煤矿生产中与煤层有关的常见岩石有三大类。

（1）碎屑类岩石。碎屑类岩石由砂子和碎石胶结而成。这类岩石主要有：砾岩，由圆卵石胶结而成；角砾岩，由带棱角的碎石胶结而成，其组成碎石粒径在 2 mm 以上；砂岩，由砂子胶结而成。砂岩由于其组成的砂子粒径大小不同可分为不同的砂岩。砂子粒径为 0.5~2 mm 的砂岩称为粗砂岩；砂子粒径为 0.25~0.5 mm 的砂岩称为中砂岩；砂子粒径为 0.1~0.25 mm 的砂岩称为细砂岩；砂子粒径为 0.01~0.1 mm 的砂岩称为粉砂岩。组成砂岩的砂子粒径越小，岩石越坚硬。砂岩一般为煤层的基本顶或基本底。当砂岩中含有一定量的泥土或煤时称为泥质砂岩或炭质砂岩。

（2）黏土类岩石。黏土类岩石由黏土压成，这类岩石主要有 2 类：页岩和泥岩。页岩有层理，泥岩无层理；页岩和泥岩中含有砂子时称为砂质页岩或砂质泥岩，含有煤时称为炭质页岩或炭质泥岩。这类岩石一般是煤层的伪顶或直接顶；煤中的夹矸一般是炭质页岩或炭质泥岩。

（3）化学生物类岩石。化学生物类岩石是通过生物化学作用或生物生活过程中的某种物质沉积而成的。这类岩石含有动植物化石，主要代表性岩石有石灰岩、铝土岩。当石灰岩中含泥量为50%以上时称为泥灰岩。石灰岩易被水溶解，能形成较大的溶洞。当溶洞达到一定范围塌陷会形成岩溶陷落柱，这是煤系地层中的一种地质构造。铝土岩具有吸水膨胀的性质，当掘进巷道工作面遇到这类岩层时易发生底鼓或巷道严重变形，对安全生产造成威胁。

2. 岩石坚固性

由俄罗斯学者于1926年提出的岩石坚固性系数（又称为普氏系数），至今仍在矿山开采业和勘探掘进中广泛采用。岩石坚固性反映岩石在几种变形方式组合作用下抵抗破坏的能力。岩石坚固性用下式表示：

$$f = \frac{R}{10}$$

式中　f——岩石坚固性系数；

　　　R——岩石单向抗压强度，MPa。

3. 岩石工程分级

按f值大小，将岩石划分为15种。为了使用方便，煤炭行业对岩石工程分级表进行了简化，见表1-1。

表1-1　简化后的岩石工程分级表

级别	名称	f值	代 表 性 岩 石
一	软煤	1~1.5	泥煤、软烟煤
二	硬煤	2~3	坚硬烟煤、无烟煤
三	软岩	2~3	页岩、泥灰岩、很软灰岩、岩盐
四	中硬岩	4~6	砂质页岩、泥质砂岩、铁矿石、一般砂岩
五	硬岩	8~10	坚硬砂岩、白云岩、黄铁矿、花岗岩、石英斑岩
六	坚硬岩	12~14	很坚固砂岩及石灰岩、坚固硬岩
七	最坚硬岩	15~20	坚固花岗岩、石英斑岩、坚固玄武岩

4. 围岩分类

根据围岩的稳定程度，将围岩分为以下5类。

（1）稳定岩层。完整坚硬、不易风化，岩层层间胶结好、无软弱夹层，长期不支护无碎块掉落，如完整的玄武岩等。

（2）稳定性较好的岩层。完整比较坚硬，层间胶结好，裂隙面闭合，无泥质充填物，长时间不支护会有小块掉落，如胶结好的砂岩、砾岩等。

（3）中等稳定岩层。完整中硬，层状岩层以坚硬岩层为主，夹有少数软岩层，能维持一个月的稳定性，如砂质页岩等。

（4）稳定性较差的岩层。较软的完整岩层、中硬的层状岩层、中硬的块状岩层等，仅能维持几天的稳定性，如页岩、泥岩等。

（5）不稳定岩层。易风化潮解剥落的松软岩层，各类破碎岩层，易冒顶、随掘随冒，如炭质页岩、煤等。

5. 围岩地质构造对巷道掘进的影响

地质构造都有空隙或软弱夹层，对掘进的影响很大，甚至会造成一些事故。掘进施工时要特别注意以下安全问题。

（1）防止冒顶事故。地质构造条件下围岩破碎，极容易发生冒顶，要及时采取有效的预防措施。

（2）防止瓦斯异常涌出。构造的空隙容易贮藏或通过有害气体，掘进中遇到构造时要注意防止瓦斯和有害气体异常涌出。

（3）防止矿井水异常涌出。构造空隙也能贮藏或通过矿井水，所以掘进中遇到构造时一定要采取措施防止矿井水涌出，当遇到构造和含水层或岩溶陷落柱连通且水补给充分时，要特别注意其危险性。

（4）防止发生煤炭自燃火灾事故。由于构造空隙易造成漏风，会加快煤的氧化与自燃，封闭采空区时，若发现有构造时一定要防止构造漏风，避免由此引发的火灾事故。

三、巷道断面及其布置

（一）巷道断面形状

煤矿井下的巷道断面形状有梯形、直墙拱形（如半圆拱、三心拱、圆弧拱）和矩形，此外还有一些比较少见的其他形状，如图 1-2 所示。

梯形断面和拱形断面是煤矿井下巷道常采用的断面形状，因为这两个形状在一般地压作用下都是稳定的，并且掘进、支护比较简单，容易施工。随着机械化掘进的大量推广与使用，大型设备要求巷道断面大，因此煤巷矩形断面得到广泛采用。

（二）巷道断面尺寸

巷道断面尺寸应当根据巷道的用途、运输设备类型（轨道运输、无轨运输、输送机运输）、支护规格和《煤矿安全规程》关于安全间隙的规定等因素确定，然后再根据巷道内通过的风量加以校验，以不超过《煤矿安全规程》规定的允

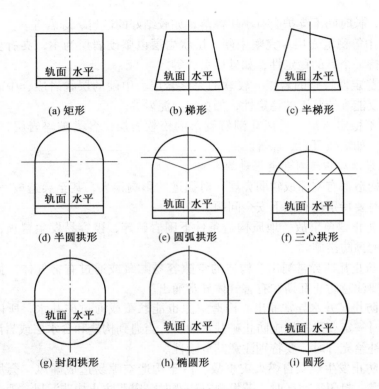

图 1-2　巷道断面形状

许风速为准。巷道断面尺寸在保证安全生产的条件下，尽可能减小断面，减少开掘工程量，从而降低生产成本。

1. 巷道净宽度

矩形巷道（直墙巷道）净宽度是指巷道两侧壁或锚杆露出长度终端之间的水平间距。对于梯形巷道，当巷道内通行矿车、电机车时，巷道净宽度是指车辆顶面处水平的巷道宽度。当巷道内设置输送机械时，巷道净宽度是指从巷道底板起 1.6 m 高处的巷道宽度；当巷道不放置和不通行运输设备时，巷道净宽度是指净高 1/2 处的水平距离。

巷道净宽度主要取决于运输设备本身的宽度、人行道宽度和相应的安全间隙。无运输设备的巷道净宽度可根据通风及行人的需要来选取。

巷道内人行道宽度和相应的安全间隙在《煤矿安全规程》中都有明确规定：

（1）新建矿井、生产矿井新掘运输巷的一侧，从巷道道碴面起 1.6 m 的高度内，必须留有宽 0.8 m（综合机械化采煤及无轨胶轮车运输的矿井为 1 m）以上的人行道，管道吊挂高度不得低于 1.8 m。

（2）生产矿井已有巷道人行道的宽度不符合上述要求时，必须在巷道的一侧设置躲避硐，2 个躲避硐的间距不得超过 40 m。躲避硐宽度不得小于 1.2 m，深度不得小于 0.7 m，高度不得小于 1.8 m。躲避硐内严禁堆积物料。

（3）采用无轨胶轮车运输的矿井人行道宽度不足 1 m 时，必须制定专项安全技术措施，严格执行"行人不行车，行车不行人"的规定。

（4）在人车停车地点的巷道上下人侧，从巷道道碴面起 1.6 m 的高度内，必须留有宽 1 m 以上的人行道，管道吊挂高度不得低于 1.8 m。

2. 巷道净高度

矩形巷道、梯形巷道的净高度是指自道碴面或底板至顶梁或顶部喷层面、锚杆露出长度终端的高度。

拱形断面净高度是指自道碴面至拱顶内沿或锚杆露出长度终端的高度，由壁高和拱高组成。

巷道净断面必须满足行人、运输、通风和安全设施及设备安装、检修、施工的需要，并符合下列要求：

（1）采用轨道机车运输的巷道净高，自轨面起不得低于 2 m。架线电机车运输巷道的净高，在井底车场内、从井底到乘车场，不小于 2.4 m；其他地点，行人的不小于 2.2 m，不行人的不小于 2.1 m。

（2）采（盘）区内的上山、下山和平巷的净高不得低于 2 m，薄煤层内的不得低于 1.8 m。

（3）运输巷（包括管、线、电缆）与运输设备最突出部分之间的最小间距，应当符合《煤矿安全规程》的要求。

（三）水沟及其管线布置

巷道掘进时在巷道一侧设置有水沟，用来排水。要求水沟建设和巷道掘进同步。在水沟上铺盖板，一般作为人行道。平巷水沟坡度可取 3‰～5‰ 或与巷道坡度相同，但不应小于 3‰。

在巷道两侧悬挂电缆电线，以保证工作面机械运转所需的电力供应。电缆的悬挂要求，电缆悬挂点间距，在水平巷道或者倾斜井巷内不得超过 3 m，悬挂整齐，其悬挂高度在人行道侧时应保证不影响行人安全。掘进工作面降尘供水管道一般设置在巷道侧下方，以不影响行人和运输设备安全运行为准。巷道掘进时一般用局部通风机通风，在巷道一侧设置有胶布风筒。风筒吊挂在非人行道一侧，要求吊挂整齐，不影响运输设备的安全运行。

第二节　综合机械化掘进工艺

一、综合机械化掘进发展概况及其配套工艺

我国机械化掘进按机械化程度不同，可分为普通机械化掘进和综合机械化掘进。

普通机械化掘进是利用钻爆法破碎煤岩，用装载机把破碎下来的煤岩装入运输设备，通过矿车或转载机、刮板输送机、带式输送机等设备运走，由人工架设支架，用人工或调度绞车运送支护材料和器材，通过局部通风机进行压入式通风，采用喷雾洒水的方式进行降尘。

综合机械化掘进是近二三十年迅速发展起来的一种先进的巷道掘进技术。综合机械化掘进逐渐形成了以掘进机为主3种类型的机械化掘进工艺：①综合机械化掘进，主要掘进机械为悬臂式掘进机，简称掘进机；②连续采煤机与锚杆钻车配套作业，主要掘进机械为连续采煤机；③掘锚一体化掘进，主要掘进机械为掘锚机组。

1. 掘进机

掘进机是一种集截割、装载、转运煤（岩）、降尘等功能为一体的大型高效联合作业机械设备，能实现连续掘进。依靠悬臂式掘进机进行落、装煤岩，通过矿车、梭车或其他运输设备（桥式转载机、刮板输送机、可伸缩带式输送机）运输煤岩，用人工、托梁器、架棚机安装支架，利用绞车、单轨吊、卡轨车、铲运车、电机车、无轨胶轮车运送支护材料和器材，局部通风机进行压入式通风，除尘风机降尘。

2. 连续采煤机

连续采煤机是一种适用于短壁开采，集截割、装载、转运、移动行走、喷雾降尘于一身的综合机械化开采设备，具有体积小、调动灵活、使用方便等优点，不仅可开采煤炭，还能用于巷道掘进，在国外已广泛使用。根据与连续采煤机配套设备和巷道布置方式的不同，连续采煤机掘进工艺可分为单巷掘进工艺、双巷掘进工艺及多巷掘进工艺。连续采煤机、梭车配套单巷掘进适用于施工任务紧、巷道地质条件差、煤层起伏大、顶板破碎的掘进工作面，所使用的主要设备有：连续采煤机、梭车、锚杆机、铲车、破碎机、带式输送机。连续采煤机、梭车或运煤车配套双巷及双巷以上掘进是应用最广泛的掘进工艺，对工作面地质条件要求不严格，所使用的主要设备有：连续采煤机、运煤车、锚杆机、铲车、破碎

机、带式输送机。连续采煤机、连运系统配套双巷掘进,是近年来才兴起的掘进方式,其特点是推进速度快,单进水平高,所使用的主要设备有:连续采煤机、连运系统、锚杆机、铲车、带式输送机。

3. 掘锚机组

掘锚机组是适用于高产、高效矿井煤巷单巷快速掘进的掘锚一体化设备,是在连续采煤机和悬臂式掘进机的基础上发展的一种新型掘进机型。掘锚机组将掘进与支护有机地组合起来,减少了掘进与支护设备的换位作业时间,在同一台设备上完成掘进和支护工艺。目前,掘锚机组主要有2种:①以连续采煤机为基础的掘锚机组;②悬臂式掘进机加装机载锚杆机的掘锚机。掘锚机组与连续采煤机作业相比具有掘锚平行作业、单巷快速掘进及顶板及时支护等优点。掘锚机组按作业方式不同,可划分为同时实现掘锚作业的掘锚机组和先截割后支护的掘锚机组2类。

二、综合机械化掘进工作面设备布置

综合机械化掘进工作面设备布置如图1-3所示。以悬臂式掘进机1、桥式转载机2、可伸缩带式输送机6、湿式除尘器5和压入式软风筒8配套,在煤巷

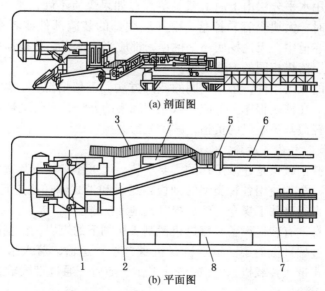

(a) 剖面图

(b) 平面图

1—悬臂式掘进机;2—桥式转载机;3—吸尘软风筒;4—外段带式输送机尾部;
5—湿式除尘器;6—带式输送机;7—钢轨;8—压入式软风筒

图1-3 综合机械化掘进工作面设备布置

或半煤巷掘进工作面完成截割、装载、转运煤岩及降尘等掘进工序。悬臂式掘进机 1 工作时，为了适应桥式转载机 2 与可伸缩带式输送机 6 搭接长度的要求，可伸缩带式输送机 6 的外段机尾 4 的长度必须能延长 12~15 m，以保证转载及运输的连续性，减少可伸缩带式输送机 6 拉伸输送带的次数，缩短辅助工时，加快掘进速度。通风方法以压入式通风为主，靠近工作面一段用辅助抽出式通风的长压短抽方式。

三、综掘工艺

综掘工艺包括破煤岩，装载、转载、运输，巷道支护，辅助作业等工序。

（一）破煤岩

综掘工作面破煤岩是由掘进机的截割机构运动来完成的。截割头可以到达工作面任意部位，可以准确地切割出设计断面。

截割速度的快慢取决于许多因素，如煤岩运输的均衡性和材料供应的及时性、掘进机的磨损程度、设备的效能，以及工作面全体工人的技术水平和密切的配合程度等，但是决定因素是煤在巷道掘进断面上所占百分比和岩石硬度。

根据工作面岩性不同采用不同的截割落煤方式。煤巷中，如果整个断面上煤质坚硬，则采用水平分层由下向上截割落煤；如果煤质不硬，则由上向下落煤，因为煤质较软时，大块煤容易掉落，砸坏装载部的装载部件或者在转载机中卡住；在半煤岩巷道中，无论挖底还是挑顶，都应当先落煤，并根据煤的硬度，采用与煤巷中分层落煤相同的方法落煤。

根据不同的煤层条件，采用不同的截割方法。一般情况下，煤软时多吃刀，煤硬时少吃刀。在截割程序上，应采取先割底槽的办法，可使上部煤岩松动垮落一部分，并减轻截割头电机的负担，减少截齿磨损。

（二）装载、转载、运输

掘进机的截割破煤是连续工作的，要求装、运工作必须与其适应。一般半煤岩巷道掘进时，全部使用各种类型的刮板输送机和带式输送机进行转运和运输，煤岩混运，一直运进井下煤仓，然后提升到地面洗选。

掘进机本身带有装运设备。掘进机截割头切割下的煤岩，由掘进机的装载机构装载，再通过掘进机的第一输送机（机身自带）运输，落入第二输送机（刮板转载机或桥式带式转载机），完成转载工作。随后，通过带式输送机把煤岩运入煤仓，完成运输工作。

（三）巷道支护

综掘巷道的掘进主要包括截割、运输和支护三大工序。截割和支护两大工序是交替进行的，装、转、运是与截割同时进行的；支护工作则需单独占用循环工时。

煤巷综掘工作面的支护是用棚式支架或锚杆、锚喷支护的。棚式支架（俗称棚子）包括矿用工字钢棚子、U型钢拱形棚子、可缩性金属棚子，以及木棚子等。煤巷综掘工作面的支护还可采用锚杆、锚喷、锚网、锚网喷联合支护结构等。

工作面掘进一定距离需要支护时，停止截割落煤，用截割头把棚腿窝直接掘出，把棚腿立好，可利用掘进机的截割臂辅助进行架棚工作。

采用锚网支护时，一般在掘进机另一侧配备锚杆打眼安装机。工作面需要安装锚杆时，掘进机稍向后退一段距离，并将截割臂转向一侧伏在底板上，为锚杆机工作提供方便条件。锚杆机的工作臂犹如机械手，可在工作面前方旋转270°，因此，巷道两侧及顶部均可打孔和安装锚杆。锚杆眼打好后，先填入树脂药包，将药包装在一根塑料管内，然后用炮棍将药包捅入孔内，随即由锚杆安装机将锚杆送入孔内，经 0.5 min，树脂凝固即可受力。

（四）辅助作业

1. 单轨吊辅助运输

机掘巷道中，一般使用单轨吊形式架空运输。单轨吊是一根工字形钢轨。单轨吊上端用特制的卡子悬吊在金属支架顶梁上，或在锚杆支护的巷道里由锚杆悬吊。单轨吊下端挂上特制的小滑车，沿工字钢轨下缘行走。使用单轨吊将掘进工作面所需支护材料等运到工作面，卸到巷道两侧备用。

有些煤矿，在使用掘进机掘进时，除尘装置、空气冷却设备、动力站、变压器、风筒、电缆等设施均由单轨吊悬吊，可随工作面移动而移动，既灵活又方便。

2. 通风与除尘

掘进工作面通风一般采用大直径风筒、大功率局部通风机进行压入式通风。胶质风筒直径为800～1000 mm，局部通风机功率为45～47 kW。风筒悬吊在巷顶或巷帮上，靠近掘进工作面一段采用伸缩式风筒。为了保持掘进巷道内空气平衡，向工作面输送的新鲜空气量应大于掘进机吸尘器的抽出量，一般情况下向工作面输送的新鲜风量不小于420 m³/min。

除尘工作是用吸尘设备完成的。掘进机除有喷水装置外，一般都配有吸尘装置。

3. 定向

机掘巷道的定向是采用激光指向仪进行的。有的掘进机上带有定向装置，使用时要不断与巷道固定的激光指向仪校核。

采用人工定向时，由于掘进机推进速度快，每天应给线 1~2 次。掘进机要严格按照中心线、腰线掘进，防止"爬坡""啃底""偏帮"，坚持三挂线，即支护挂线、交接班挂线、验收检查挂线。

4. 排水、照明

掘进机机头有积水时，要开掘水窝，用水泵排水。机掘工作面要有良好的照明设施，根据需要安设一定数量的防爆灯进行照明。

四、巷道施工基本要求

在巷道掘进工作中，要保证巷道断面的规格、尺寸和巷道的坡度、方向符合设计要求，必须按巷道的中心线、腰线进行施工。

1. 中心线

中心线是巷道掘进走向方向的基准线。中心线一般按巷道中心标在巷道顶板或支架上。主要采区准备巷道应使用激光定向仪标线。

2. 腰线

腰线是指示巷道坡度的基准线。腰线一般以距巷道底板或永久轨面以上 1 m 高为准，标在巷道侧帮或支架上。

第三节 巷 道 支 护

一、巷道矿压概述

地下岩体在采动前，由于自身重力作用在岩体内部引起的应力，通常称为原岩应力。开采前的岩体处于相对静止状态，所以原岩体处于应力平衡状态。井下采掘活动破坏了原岩应力的平衡状态，引起岩体内部的应力重新分布；在重新分布过程中促使围岩产生运动，导致围岩发生变形、断裂、位移，直至垮落。由于采掘活动的影响，在采掘空间周围岩体中及支护物上产生的压力称为矿山压力，（以下简称矿压）。

1. 巷道矿压引起采区巷道变形与破坏的基本形式

（1）顶板变形与破坏。其主要形式是顶板规则冒落、顶板不规则冒落和顶板弯曲下沉。

（2）巷道底板变形与破坏。其主要形式是巷道底板塑性鼓起和底板一般鼓起。

（3）巷道两帮变形与破坏。其主要形式是出现鼓帮、帮开裂或破坏、帮小块危岩滑落或片帮等。

（4）其他变形与破坏。可能出现大型冒顶与片帮、鼓帮或鼓底、断面全部快缩和闭合等。

2. 冲击地压

冲击地压又称为岩爆，是指井巷或工作面周围岩体由于弹性变形能的瞬时释放而产生突然剧烈破坏的动力现象。在矿井井田范围内发生过冲击地压现象的煤层，或者经鉴定煤层（或者其顶底板岩层）具有冲击倾向性且评价具有冲击危险性的煤层为冲击地压煤层。有冲击地压煤层的矿井为冲击地压矿井。冲击地压的特征是：①常伴有很大的声响、岩体震动和冲击波，在一定范围内可以感到地震；②常伴有煤岩体抛出、巨响及气浪等。它具有很大的破坏性，是煤矿重大灾害之一。

冲击地压是煤矿矿井中最严重的自然灾害之一，发生前一般没有宏观预兆，而是以突然、急剧、猛烈的形式将煤岩体抛出，造成支架损坏、片帮冒顶、巷道堵塞，导致施工人员被砸伤、摔伤、挤伤，甚至由于巷道堵塞窒息死亡。目前，随着我国煤矿开采深度的不断增加，冲击地压灾害呈现越来越严重的发展态势，对煤矿安全生产和广大煤矿职工生命安全造成了极大威胁。《煤矿安全规程》规定有下列情况之一的，应当进行煤岩冲击倾向性鉴定：

（1）有强烈震动、瞬间底（帮）鼓、煤岩弹射等动力现象的。

（2）埋深超过 400 m 的煤层，且煤层上方 100 m 范围内存在单层厚度超过 10 m 的坚硬岩层。

（3）相邻矿井开采的同一煤层发生过冲击地压的。

（4）冲击地压矿井开采新水平、新煤层。

【案例】2001 年 1 月 6 日和 12 日，辽宁抚顺某矿的两次 2.8 级冲击地压造成 4 人死亡、36 人受伤，采区被迫关闭，采煤机、液压支架和输送机等采运机械及附属设备均未能撤出，毁坏巷道 300 余米。这两起事故造成直接经济损失超过亿元。

虽然近几年冲击地压频频发生，但并非不可抗拒，可以采取一定的技术措施超前预防冲击地压。对于掘进机操作人员应采取如下自我保护措施：

（1）休息时，不坐在较大型的物料上、轨道上、瓦斯抽放管道下等，避免发生冲击地压时被挤伤、摔伤和砸伤。

（2）行走、休息时尽量远离煤壁，避免被片帮煤打伤。

（3）由于爆破时易诱发冲击地压，因此严格执行远距离、定点、定时躲炮等安全措施，在作业过程中要严格遵守安全规定，以确保安全。

二、巷道支护

巷道支护的目的在于改善围岩受力状况，减缓围岩变形移动速度，维护安全工作空间。巷道支护的基本形式包括架棚支护、砌碹支护和锚喷支护。

（一）架棚支护

按支架材料构成不同，棚式支架可分为金属支架和钢筋混凝土支架；按巷道断面形状不同，棚式支架可分为梯形支架和拱形支架等；按支架结构不同，棚式支架可分为刚性支架和可缩性支架。

（二）砌碹支护

砌碹支护的主要形式是直墙拱顶式支护，直墙拱顶式支护由拱、墙和基础3部分组成。该支护具有坚固、耐久、防火、通风阻力小等优点。该支护的缺点是施工复杂，劳动强度大，成本高，进度慢。

（三）锚喷支护

锚喷支护是锚杆支护、喷射混凝土支护和锚杆与喷射混凝土联合支护的总称。

1. 锚杆支护

锚杆支护就是在巷道掘进后，先向围岩打眼，在眼孔内锚入锚杆，把巷道围岩加固，充分利用围岩自身的强度，达到支护巷道的目的。

锚杆不同于一般支架，它不只是消极地承受巷道围岩所产生的压力和阻止破碎岩石冒落，而是通过锚入围岩内的锚杆来改变围岩本身的力学状态，在巷道周围形成一个整体而稳定的岩石带，锚杆与围岩共同作用而达到支护巷道的目的。因此，锚杆支护是一种积极防御的支护方法。

2. 喷射混凝土支护

喷射混凝土支护是将水泥、砂子、石子按一定比例混合搅拌后，送入混凝土喷射机中，用压缩空气将干拌和料送到喷头处，在喷头的水环处加水后，高速喷射到巷道围岩表面，起到支护作用的一种支护形式和施工方法。它是一种不用模板，没有浇注和捣固工序的快速、高效的混凝土施工工艺。

喷射混凝土工艺流程如图1-4所示。喷射混凝土支护具有及时、密贴、早强、封闭的特点。根据使用机具或施工方法的不同，喷射混凝土支护大致可分为干式喷射法、半湿式喷射法和湿式喷射法。

1）喷射混凝土支护作用原理

（1）支撑作用。喷射混凝土支护具有良好的物理力学性能，特别是抗压强

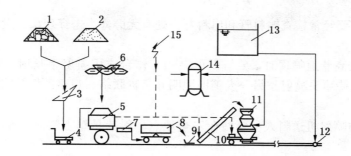

1—石子；2—砂子；3—筛子；4—磅秤；5—搅拌机；6—水泥；7—筛子；8—运料；
9—料盘；10—上料机；11—喷射机；12—喷嘴；13—水箱；14—风包；15—电源

图1-4 喷射混凝土工艺流程

度较高，可达 20 MPa 以上，因而能起到支撑作用。又因其中掺有速凝剂，使混凝土凝结快，早期强度高，紧跟掘进工作面，起到及时支撑围岩的作用，有效地控制了围岩的变形和破坏。

（2）充填作用。由于喷射速度很高，混凝土能及时充填围岩的裂隙、节理和凹穴，提高了围岩强度。

（3）隔绝作用。喷射混凝土层封闭了围岩表面，完全隔绝了空气、水与围岩的接触，有效地防止了风化潮解而引起的围岩破坏与剥落；同时，由于围岩裂隙中充填了混凝土，使裂隙深处原有的充填物不致因风化作用而降低强度，也不致因水的作用而使原有的充填物流失，使围岩保持原有的稳定性和强度。

（4）柔性支护作用。喷射混凝土的黏结力大，同时喷层较薄，具有一定的柔性。它既能和围岩黏结在一起产生一定量的共同变形，使喷层中的弯矩减小，甚至不出现张应力，又能对围岩变形加以控制。

2）喷射混凝土支护安全施工注意事项

（1）使用喷射机前，应对其进行全面检查，发现问题及时处理。

（2）喷射机要专人操作。处理机械故障时必须切断电源、风源。送风、送电时必须通知有关人员，以防发生事故。

（3）初喷前，要先敲帮问顶，清除危岩活石，以保证作业安全。初喷应紧跟迎头，喷体支护的端头距工作面的距离必须符合作业规程规定。

（4）喷射中发生堵管时，应停止作业。处理堵塞的喷射管路时，在喷枪口前方及其附近，严禁有其他人员，以防突然喷射和管路跳动伤人。疏通堵管采用敲击法。

（5）在斜井和巷道中使用的长距离钢管或塑料管要定期转动，使其磨损均匀。作业中要经常检查输料管和出料弯头处有无磨薄、击穿现象，发现问题及时处理。

（6）较高巷道喷顶时，要搭设可靠的工作台或用喷射手喷射。喷射手应配两人，一人持喷头喷射，另一人辅助照明并负责联络、观察顶板及喷射情况，以确保安全。

（7）向喷射机送料人员要站在安全地点。斜巷悬车上料时，车下方必须设挡车柱。

（8）喷射机必须保持密封性能良好，防止漏风和粉尘飞扬，加强工作面通风。

（9）喷射作业中粉尘的来源主要是水泥和砂粒中的硅尘飞扬。长期吸入粉尘，会危害工人的身体健康。凡从事喷射作业的人员，必须佩戴劳动保护用品。喷射前应开启降尘设备和设施。

3. 锚杆与喷射混凝土联合支护

1）锚杆喷射混凝土支护

对比较破碎的、节理裂隙发育比较明显的岩层，巷道掘进后围岩稳定性较差，容易出现局部或大面积冒落，一般应采用锚杆喷射混凝土支护。这种支护方式既能充分发挥锚杆的作用，又能充分发挥喷射混凝土的作用，两种作用相结合，有效地改进了支护效能，因而得到广泛应用。一般情况下，爆破后应首先及时初喷混凝土封闭围岩，紧接着打入锚杆，随后在一定距离内复喷到设计厚度。

2）锚杆喷射混凝土金属网联合支护

对于特别松软破碎的断层带，或围岩稳定性差、受爆破震动影响较大的巷道，宜选用锚、喷、网联合支护。设置金属网的主要目的是防止围岩收缩而产生裂隙，抵抗震动，使混凝土应力均匀分布，避免局部应力集中，提高喷射混凝土支护能力。金属网用托板固定或绑扎在锚杆端头，为便于施工和避免喷射混凝土时金属网背后出现空洞，金属网格不应小于 200 mm × 200 mm。喷射厚度一般不应小于 100 mm，以便将金属网全部覆盖住，并使金属网至少有 20 mm 厚的保护层。

3）钢架喷射混凝土联合支护

在软岩巷道中，掘进后先架设钢架，允许围岩收敛变形，基本稳定后再进行喷射混凝土支护，把钢架喷在里面，有时也打一些锚杆，控制围岩变形。这样，钢架自身仍保持相当的支护能力，同时，被喷射混凝土裹住后又起到"钢筋加固"的作用，而喷射混凝土层有一定柔性，对围岩基本稳定后的变形量也可以适应。

三、巷道顶板管理与安全

1. 掘进工作面顶板管理的主要内容

（1）掌握巷道开掘后围岩体的范围及围岩应力分布情况。这就需要了解与巷道围岩应力分布有关的因素：围岩性质、巷道所处深度、巷道周围地质构造、水文变化、巷道横断面形状和尺寸等。了解了围岩应力分布情况及在此应力作用下围岩的变形和位移，才能选择合适的支护材料、支护形式，达到维护巷道的目的。

（2）从有利于巷道围岩稳定性出发，合理选择巷道施工方法，合理确定钻眼眼位、钻眼角度、钻眼深度、炮眼装药量等各工序的有关参数，减少对顶板管理的影响。

（3）按作业规程规定控制工作面控顶距离和临时支护巷道长度，尽可能缩短工作面空顶时间和临时支护巷道长度。

（4）施工中，做好基础资料积累和隐蔽工程记录工作。施工中和竣工时，按井巷工程质量标准进行检查和验收。

2. 巷道掘进顶板日常管理内容

（1）"敲帮问顶"。进入工作面、打眼爆破前均应"敲帮问顶"，处理隐患，排除不安全因素后再作业。

（2）控制工作面控顶距离。超过规定的控顶距离应先支护后掘进；发现顶板破碎或变松软时应采用前探支架维护顶板。

（3）单孔长距离掘进时，要经常检查工作面后方支架情况，发现断梁折腿或变形严重的支架，应加固修复。修复巷道时，修复地点到巷道掘进头里面的人员应全部撤出，预防冒顶堵人。工作面因爆破倒塌的棚子应由外向里逐架扶棚复位。

（4）熟悉掘进巷道发生冒顶事故的原因，加强日常检查，采取针对性措施，预防冒顶片帮事故。

3. 顶板管理的针对性措施

1）新掘巷道开口的安全措施

（1）开掘地点要求顶板稳定、支护完好并且避开地质构造区、压力集中区、顶板冒落区。

（2）新掘巷道与原有巷道的方位要保持较大夹角（最好大于45°）。

（3）必须加固好开掘处及其附近的巷道支护。若近处有空顶、空帮情况，小范围的可加密支架，背好顶帮；大范围的应用木垛接顶处理，同样用背板背好打紧。加固受施工影响的棚子，方法有挑棚、打点柱、设木垛等。

（4）新巷开掘施工，要浅打眼，少装药，放小炮，或用手镐挖掘的方法，尽量避免振动围岩或因爆破引起冒顶。

（5）新巷开掘处应及时进行支护，尽量缩短顶板暴露时间和减小暴露面积。若压力增大，则应及时采用适合现场情况的特殊支护。

2）沿空掘巷顶板破碎时的管理措施

（1）避开动压影响，巷道施工必须在上区段回采工作结束后，待岩层活动完全稳定后再进行。

（2）尽量减小掘进时的空顶面积。爆破前支架紧跟到工作面，爆破后及时架设支架。减少装药量，避免振动顶板。如果爆破难以控制和管理顶板，则改用手镐方法掘进。

（3）巷道支架要加密，同时将下帮腿与底板的夹角由 80°缩小为 75°，将顶帮用木板等背严接实。

（4）擦边掘进时，如遇上区段巷道棚腿外露，其下帮棚腿不要抽掉，可以捆上木板或笆片，起到挡矸帘的作用。

3）淋水工作面的顶板管理措施

掘进工作面有淋水时，要通过水文地质工作，弄清水的来源，掌握水量变化。再根据实际条件分别采用预注浆封水、快硬砂浆堵水、截水槽或截水棚截水等方法将水引离工作面。顶板淋水不大时，用风管边吹边喷砂浆止水。有淋水的地段，要加大支架密度、背严顶帮，提高支架的稳定性，防止冒顶事故的发生。

4）掘进工作面过断层等构造变化带时的安全措施

（1）加强掘进地段的地质调查工作，根据所掌握的地质资料（包括地质构造分布情况与产状，以及岩性变化的可能地段），及时制定具体的施工方法与安全措施。对于特殊地段，要制定针对性的安全措施，否则不能开工。

（2）在破碎带中掘进，应做到一次成巷，尽可能缩短围岩暴露时间，减小顶板暴露后的挠曲离层，提高顶板的稳定性。

（3）施工中要严格执行操作规程、交接班制度和安全检查制度。要经常观察围岩稳定状况的变化情况，及时掌握断层、裂隙带、岩性突变带暴露的时间，一旦发现异常要及时处理，防患于未然。

（4）掘进工作面邻近断层或穿断层带时，巷道支护应尽量采用砌碹或 U 型钢可缩性支架支护，棚距要缩小。在距断层 5 m 左右时，要采用密集支柱。

（5）采用爆破法落煤岩时，要尽量多打眼，少装药，放小炮，尽量保持围岩的稳定性。如果爆破中顶板难以控制与管理有冒顶危险时，应改用手镐方法掘进。

（6）减小控顶距离，及时架设临时支架，永久支护要紧跟工作面迎头。若采用砌碹式支护时，每次掘砌进度不得超过 1 m。

（7）巷道支架背板要严实，提高支架对围岩的支护能力，防止掘进中漏顶或漏帮。

（8）当顶板特别松软破碎时，可打撞楔控制破碎顶板；有条件时，也可采用对顶板注浆锚固的方法，增强破碎顶板的稳定性与承载能力。

（9）在顶板岩性突变地段，要及时打点柱支护突变带顶板。伞檐状危岩要及时敲掉，敲不下来时，要在伞檐下打上撑柱，并在下面加密柱棚，或加打台板棚。

（10）巷道邻近断层等构造时，要加强对瓦斯浓度的检查，以及对断层水的疏排工作。

第四节　掘进通风与综合防尘

一、掘进通风

掘进通风是指在巷道掘进施工期间的通风。因为是独头掘进，工作人员呼吸的新鲜空气、炮烟排除，以及瓦斯和各种有害气体排除，都要通过掘进通风解决，所以掘进通风特别重要。

（一）掘进通风方法

掘进通风有多种方法，有全风压（总风压）通风、引射器通风和局部通风机通风等。其中局部通风机通风是使用最多的方法。

1. 全风压（总风压）通风

全风压（总风压）通风是利用矿井主要通风机的风压对掘进工作面通风。为了把新鲜空气引入工作面并排出污风，必须采用挡风墙、风障和风筒等导风设施。

2. 引射器通风

引射器通风是利用喷嘴喷出的高压水流或高压气流，在喷嘴射流周围形成负压而吸入空气，并经混合筒内混合，将能量传递给被吸入的空气使之具有通风压力，从而达到通风的目的。

3. 局部通风机通风

局部通风机通风是现场使用最多的方法。其方式有 3 种，即压入式、抽出式和混合式，如图 1 - 5 所示。

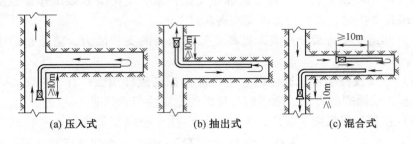

(a) 压入式　　　　(b) 抽出式　　　　(c) 混合式

图 1 - 5　通风方式

（1）压入式，如图 1 - 5a 所示。局部通风机和启动装置必须安装在掘进巷道回风口 10 m 以外的进风巷道中。

（2）抽出式，如图 1 - 5b 所示。局部通风机安装在离巷道口 10 m 以外的回风流中，新鲜空气沿巷道流入，污风通过刚性风筒由局部通风机排出。

（3）混合式，如图 1 - 5c 所示。混合式通风是抽出式局部通风机和压入式局部通风机联合工作，一般适用于大断面、长距离无瓦斯巷道。在有瓦斯巷道使用混合式通风时必须制定安全措施。

（二）掘进通风的安全规定

1. 掘进通风设备

掘进通风设备主要是指局部通风机、风筒及其附属装置。

目前普遍使用的局部通风机为对旋式通风机。对旋式通风机具有普通轴流式局部通风机所没有的优点：

（1）效率高，比普通轴流式局部通风机高 8% 左右。

（2）风压大，比普通轴流式局部通风机大 10% ~20% 。

（3）反转风量可达正常风量的 60% ~70% ，而普通轴流式局部通风机的反转风量仅为正常风量的 30% ~40% 。

（4）送风距离长。例如，FD - I №5 型对旋式局部通风机在 10 ~20 m 巷道断面范围内，送风距离可达 2.00 m 以上；在 6 ~8 m 巷道断面范围内，送风距离可达 1500 m 以上；长距离掘进时，不需要采用 2 台通风机混合式通风，一般可满足通风需要。

（5）噪声比普通轴流式局部通风机噪声小，装了降噪设施，噪声降低幅度大。

（6）多级多速对旋局部通风机可以根据需要灵活选用，满足长距离掘进巷道的通风要求。

风筒是最常见的导风装置。对风筒的要求是漏风和风阻小、质量轻、拆装简便。风筒按其材料力学性质不同可分为刚性风筒和柔性风筒。金属骨架的可伸缩风筒，可应用于抽出式通风的掘进巷道。

2. 《煤矿安全规程》对掘进通风的有关规定

（1）掘进巷道必须采用全风压通风或局部通风机通风。

（2）局部通风机由指定人员负责管理。

（3）压入式局部通风机和启动装置安装在进风巷道中，距掘进巷道回风口不得小于 10 m；全风压供给该处的风量必须大于局部通风机的吸入风量，局部通风机安装地点到回风口间巷道中的最低风速必须符合《煤矿安全规程》第一百三十六条的要求。

（4）高瓦斯、突出矿井的煤巷、半煤岩巷和有瓦斯涌出的岩巷掘进工作面正常工作的局部通风机必须配备安装同等能力的备用局部通风机，并能自动切换。正常工作的局部通风机必须采用三专（专用开关、专用电缆、专用变压器）供电，专用变压器最多可向 4 个不同掘进工作面的局部通风机供电；备用局部通风机电源必须取自同时带电的另一电源，当正常工作的局部通风机故障时，备用局部通风机能自动启动，保持掘进工作面正常通风。

（5）其他掘进工作面和通风地点正常工作的局部通风机可不配备备用局部通风机，但正常工作的局部通风机必须采用三专供电；或者正常工作的局部通风机配备安装一台同等能力的备用局部通风机，并能自动切换。正常工作的局部通风机和备用局部通风机的电源必须取自同时带电的不同母线段相互独立的电源，保证正常工作的局部通风机故障时，备用局部通风机能投入正常工作。

（6）采用抗静电、阻燃风筒。风筒口到掘进工作面的距离、正常工作的局部通风机和备用局部通风机自动切换的交叉风筒接头的规格和安设标准，应当在作业规程中明确规定。

（7）正常工作和备用局部通风机均失电停止运转后，当电源恢复时，正常工作的局部通风机和备用局部通风机均不得自行启动，必须人工开启局部通风机。

（8）使用局部通风机供风的地点必须实行风电闭锁和甲烷电闭锁，保证当正常工作的局部通风机停止运转或者停风后能切断停风区内全部非本质安全型电气设备的电源。正常工作的局部通风机故障，切换到备用局部通风机工作时，该局部通风机通风范围内应当停止工作，排除故障；待故障排除，恢复到正常工作的局部通风后方可恢复工作。使用2台局部通风机同时供风的，2台局部通风机都必须同时实现风电闭锁和甲烷电闭锁。

（9）每15天至少进行一次风电闭锁和甲烷电闭锁试验，每天应当进行一次正常工作的局部通风机与备用局部通风机自动切换试验，试验期间不得影响局部通风，试验记录要存档备查。

（10）严禁使用3台及以上局部通风机同时向1个掘进工作面供风。不得使用1台局部通风机同时向2个及以上作业的掘进工作面供风。

（11）使用局部通风机通风的掘进工作面，不得停风；因检修、停电、故障等原因停风时，必须将人员全部撤至全风压进风流处，切断电源，设置栅栏、警示标志，禁止人员入内。

二、综合防尘

巷道掘进时，破碎煤岩不可避免地产生大量粉尘，而且粉尘中粒径小于 5 μm的呼吸性粉尘占很大比例。在这样的环境中，工作人员吸入粉尘以后易患尘肺病。当爆炸性煤尘达到一定浓度时，遇火源就会爆炸，很危险。因此，必须采取综合防尘措施。

按照《煤矿安全规程》相关规定，井工煤矿掘进井巷和硐室时，必须采取湿式钻眼、冲洗井壁巷帮、水炮泥、爆破喷雾、装岩（煤）洒水和净化风流等综合防尘措施。

1. 湿式作业

湿式作业是降尘的主要方法。掘进机一般都有内外喷雾系统，只要坚持正常使用这些降尘系统，就能将掘进机破煤时产生的粉尘除掉，起到净化工作面空气的效果。如果供水系统出现故障、水压不够或水管中无水，就应停止掘进，不应在无任何降尘措施时强行作业。

《煤矿安全规程》规定：

（1）使用掘进机、掘锚一体机、连续采煤机掘进时，必须遵守下列规定：作业时，应当使用内、外喷雾装置，内喷雾装置的工作压力不得小于2 MPa，外喷雾装置的工作压力不得小于4 MPa。

（2）井工煤矿掘进机作业时，应当采用内、外喷雾及通风除尘等综合措施。掘进机无水或者喷雾装置不能正常使用时，必须停机。

2. 通风排尘

通风排尘就是通过通风机把含有粉尘的空气排出工作面，达到净化风流的目的。调整合适的风速，加强排尘。最低排尘风速为 0.25 ~ 0.5 m/s，最优排尘风速为 1.2～1.6 m/s。在此风速范围内既可以有效地冲淡和排除浮尘，又不致把大量落尘吹起。

在掘进工作面还可设置除尘风机。这种风机是吸入式抽风，将矿尘严重的空气吸入风机内经净化后排出，使空气得到净化。

3. 个人防护

个人防护措施主要有两方面：其一，当工作面粉尘很严重时，尽量不要进入工作面工作，待工作面粉尘降落再进入工作面工作，以免人员受到伤害；其二，采取一系列降尘措施后，工作面大量粉尘已经降落了，但还有一定量的余尘、微尘。这些余尘、微尘如果不解决，它长期日积月累地危害着工作人员的身体健康，为此采取戴防尘口罩予以防治。戴防尘口罩只是辅助性防尘措施，不可能起到主要防尘作用，不能把它作为主要防尘措施。

第五节　掘进机操作作业岗位的危险预知与风险管控

一、掘进机司机作业岗位的危险预知

煤矿掘进机操作中，从危险源的可能性到伤害预知发生状况及预防措施要做到有针对性。

1. 危险源：活矸危石、顶板

（1）伤害预知：活矸危石伤人，冒顶、片帮事故。

（2）预防措施：认真检查作业地点的支护情况，支护失效地点及时整改，并找净作业地点的危矸活石。顶板岩性较差或煤层松软时要及时缩小循环进度。

2. 危险源：综掘设备

（1）伤害预知：损坏设备、设备伤人、掘进机后退伤人、掘进机滑动伤人、人员误进入掘进机施工范围内被碰伤、人员在迎头施工时被切割头及铲板碰伤。

（2）预防措施：空载启动，禁止强行切割硬岩，禁止破碎的大块硬岩强拉。开机前发出警铃，并将铲板以前的人员全部撤离到安全地点。掘进机后退时首先发出预警信号，并进行认真瞭望、确认。在倾斜巷道掘进机停机后，使用后支撑或其他固定装置对掘进机有效固定。开机前打开前后照明灯、清理人员、挂警示牌；处理卡矸时停机、停电，并将切割头落地。掘进机停止作业后及时将切割头、铲板落地，断开电源开关和磁力启动器的隔离开关，闭锁，挂牌。

3. 危险源：粉尘

（1）伤害预知：影响呼吸健康。

（2）预防措施：割煤时按规定打开喷雾，煤层注水或割硬时控制切割速度。

二、掘进机操作作业风险管理标准

煤矿属于高危行业，工作环境特殊，作业条件复杂多变，在生产过程中存在许多不安全因素，因此，煤矿安全管理工作任重道远。在熟悉掘进机司机作业岗位危险预知后，要严格按照掘进机操作作业风险管理标准实行。煤矿掘进机操作人员工作在掘进工作面第一线，最熟悉掘进工作面的情况，能随时观察到工作面的变化情况。煤矿掘进机操作人员需要了解煤矿灾害发生和发展规律，具备井下作业安全知识，具有识灾、防灾、避灾能力，严格按《煤矿安全规程》要求谨慎操作，及时发现事故隐患并及时报告和采取措施，就可以很大限度地减少或避免煤矿灾害事故的发生。具体管理标准如下：

（1）掘进机司机入井前，首先检查便携式瓦斯报警仪的完好情况，不得携带有故障的仪器入井。掘进机司机每班随时对现场瓦斯浓度进行检查，升井后必须将便携式瓦斯报警仪交还矿灯房，严禁私自存放；必须携带完好的钢卷尺，接班后必须对巷道的工程质量及支护情况进行检查；必须严格执行敲帮问顶制度，确定工作面安全可靠后，方可进行生产。

（2）掘进机司机开机前必须检查设备的安全保护装置、工作面的安全警示装置，对缺少安全警示装置的设备必须立即进行处理；检查掘进机紧固件，保证不得出现缺油松动现象；必须及时更换损坏的截齿；保证照明喷雾正常；必须随时检查并保证油位，检查各操作手把按钮灵活可靠；检查电缆水管是否完好，输送机链履带是否合适；必须检查激光仪的指向是否有偏差；仔细观察，确认截割头附近掘进机输送机、转载机摆动范围内没有人员及设备。

（3）掘进机司机操作掘进机时，严禁离开掘进机操作台进行操作；严格按作业规程规定，掌握好顶、底板坡度，严禁无激光掘进，保证巷道顶、底、帮平整，观感良好，顶板不能有明显的起伏台阶；操作掘进机掘进运输时，必须保证不碰撞拖拉电缆、水管及风管；必须根据作业规程规定控制掘进循环进度，若顶板稳定性较好、无裂隙、无构造时，循环进度控制在 2 m 以内；当遇顶板破碎、离层、构造带时，循环进度控制在 1 m 以内，顶板破碎、离层严重时，随掘随支；作业时要集中注意力，在摆动升降输送机时，必须提前警示掘进机副司机，确认对方接到信号且躲避到安全地段时，方可摆动升降；掘进机司机操作掘进机退机时，转载机必须与巷道右帮保持 1 m 间距，待掘进机退到有支护区域内通知副司机挂电缆。

（4）掘进机司机在停掘进机前必须将掘进机退到顶板支护完好处，并将铲板、截割头、后支撑降至底板最低处，停机闭锁；严禁在空顶下测量巷道尺寸，掘进机司机下机后，在支护完好的顶板下，目测所掘的工程质量，发现巷道顶板、巷帮有明显起伏或留有台阶，立即利用掘进机进行修理整改；下机前必须观察顶板、两帮的状况，发现顶板有冒落、两帮有片帮的预兆时，要及时通知其他人员进行处理，处理完毕，确认安全后方可下机；仔细观察，确认截割头附近、掘进机输送机摆动范围内没有人员和设备；操作掘进机炮头落地，掘进机停电闭锁。

（5）掘进机司机启动转载机前，必须先通知带式输送机机尾看护人员检查带式输送机机尾信号装置是否完好，起机前必须发出起车信号通知带式输送机机尾看护人员发出信号警告人员离开带式输送机运行区域，确认安全后方可联系启动带式输送机、启动转载机。如果带式输送机未启动，转载机不能运煤且转载机要与两帮保持一定距离，不得碰撞两帮的管线及设备。

（6）掘进机司机出碴时，必须检查耙爪、转载机运行范围内是否有人，并喊话通知人员离开机器运行范围；必须与巷道掘砌工联系好，操作液压前探梁升降支护巷道时，必须严格按照液压前探梁操作规定操作，严禁支护时操作掘进机。

（7）掘进机司机作业完毕后，将掘进机开至顶板支护完好的地方，停机、闭锁。掘进机司机清理掘进机操作台并将个人工器具收拾干净，停机后必须罩上截割头保护罩。

三、掘进机操作作业风险管理措施

在熟悉掘进机司机作业风险管理标准后，要制定严格的掘进机操作作业风险管理措施。具体管理措施如下：

（1）掘进机司机应按《煤矿安全规程》规定的检查次数进行检查，如工作面出现瓦斯或其他有害气体浓度异常时必须及时将信息反馈到调度室；通风队瓦检员发现井下通风、瓦斯、煤尘等隐患情况及时汇报。若情况危急，责令立即停止一切工作，撤出工作面所有人员，若工作面瓦斯浓度达到1.5%时，必须立即切断电源，停止一切工作，撤出人员。

（2）质检员每天检查巷道的工程质量，发现问题及时通知各班组处理问题，确保安全可靠，工程质量符合要求后，方可进行生产；带班队长每发现一次掘进机司机未按照要求对工作面及设备进行检查，要对掘进机司机进行批评教育；安监员必须对掘进过程中安全警示标志设置情况进行检查，每发现一处设置不齐全的，对掘进机司机进行批评教育，对教育不改者进行考核，不定期检查执行情况，发现一次违反规定的要对掘进机司机进行相应处罚。

（3）带班队长要随时检查掘进机行走范围内有无闲杂人员及设备，确保掘进机作业时安全；监督检查掘进机作业，发现掘进机司机未按要求操作时，进行相应处罚；随时检查掘进机司机掘进时是否按激光的指向掘进，发现偏线、无线掘进对掘进机司机进行相应处罚；对掘进机司机操作进行监督，一旦发现掘进机司机随意摆动、升降输送机，进行相应处罚；监督掘进机司机退机及停机过程；要随时检查掘进机司机，发现在空顶下测量巷道尺寸时，对其进行相应处罚；现场指挥，严格执行敲帮问顶制度，不安全时严禁作业。

（4）每半年对掘进机司机进行操作规程培训。

第二章 掘进机电安全

第一节 掘进机械安全

掘进机是应用于煤矿井下综合机械化掘进的重要机械设备，具有一般机械设备的特点。

一、机械传动原理简介

机器通常由原动机、传动系统和工作机3部分组成，传动系统是将原动机的运动和动力传给工作机的中间装置，它是机器的重要组成部分。

现代机器中的传动装置很多，有电力传动装置（交流或直流）、流体传动装置（气压、液压、液力或液体黏性传动）、磁力传动装置（磁吸引式、涡流式、磁粉等）和机械传动装置。

机械传动系统可用于传递平行轴、相交轴和交错轴间的运动和动力，机械传动系统除能变换运动形式和转速外，还可将运动合成和分解，将原动机的运动和动力传递并分配给工作机，使工作机获得所需的运动形式和生产能力。

根据传动原理不同，机械传动可分为摩擦传动、啮合传动和推压传动3类。

二、齿轮传动系统

1. 类型

齿轮传动是指利用主、从两轮间轮齿与轮齿的直接接触（啮合）来传递运动和动力的一种传动形式。

2. 轮系

在齿轮传动中，为了获得很大的传动比，或者为了将输入轴的一种转速变换为输出轴的多种转速等，常采用一系列互相啮合的齿轮将输入轴和输出轴连接起来，这种由一系列齿轮组成的传动系统称为轮系。

轮系可以分为定轴轮系、周转轮系和复合轮系。传动时每个齿轮的几何轴线都是固定的，这种轮系称为定轴轮系。至少有一个齿轮的几何轴线绕另一个齿轮的几何轴线转动的轮系，称为周转轮系。由定轴轮系部分和周转轮系部分组成的轮系或由几个周转轮系部分组成的轮系称为复合轮系。

定轴轮系的传动比是指首末两轮的转速之比。轮系的传动比等于各级齿轮副传动比的连乘积或轮系中所有从动齿数的连乘积与所有主动轮齿数的连乘积之比。

定轴轮系传动比计算公式如下：

i = 所有从动轮齿数的连乘积/所有主动轮齿数的连乘积

在周转轮系中，轴线位置变动的齿轮，既作自转又作公转的齿轮，称为行星轮。支持行星轮作自转和公转的构件称为行星架或转臂。轴线位置固定的齿轮称为中心轮或太阳轮。基本周转轮系由行星轮、支持它的行星架和与行星轮相啮合的中心轮构成。行星架与中心轮的几何轴线必须重合，否则不能传动。为了使转动时的惯性力平衡以及减轻轮齿上的载荷，常常采用几个完全相同的行星轮均匀地分布在中心轮周围同时传动。因为这种行星齿轮的个数对研究周转轮系的运动没有任何影响，所以在结构简图中可以只画一个。周转轮系示意如图 2-1 所示。

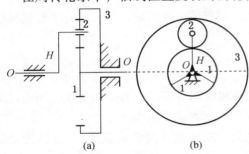

1—中心齿轮；2—行星齿轮；3—内齿轮；

图 2-1 周转轮系示意图

周转轮系传动比计算公式如下：

$$i_{1H} = 1 + \frac{Z_3}{Z_1}$$

式中 i_{1H}——中心轮与杆系的传动比；

Z_1——中心齿轮的齿数；

Z_3——内齿轮的齿数。

3. 齿轮失效形式

齿轮失效主要是指轮齿失效。常见的失效形式有轮齿折断和齿面破坏两种。

1）轮齿折断

齿轮工作时，作用在轮齿上的交变载荷将使齿根部分产生较大的交变弯曲应力，又由于齿根圆角处有严重的应力集中，因此，在载荷多次重复作用下，齿根处就会出现疲劳裂纹。随着裂纹的不断扩展，最后导致轮齿折断，这种折断称为疲劳折断。此外，如果轮齿受到短期的严重过载或冲击载荷作用，也可能发生突然折断，这种折断称为过载折断。

由于断齿常常突然发生，所以断齿不仅使齿轮传动和机器不能工作，甚至会造成重大事故，应引起特别注意。

防止轮齿折断的办法是：选用合适的材料，采取正确的热处理方法，选择适当的模数和齿宽，采用变位齿轮增大齿根厚度，减少齿根应力集中，齿根圆角不宜过小，并应有一定要求的表面粗糙度，使齿根危险截面处的最大弯曲应力不超过材料的许用应力等。

2）齿面破坏

轮齿工作时，齿面啮合点处的接触应力是脉动循环应力。当齿面接触应力超过材料的接触疲劳极限时，在载荷多次重复作用下，首先在靠近节线的齿根表面产生微小的疲劳裂纹。随着裂纹的扩展，最后导致齿面金属微粒剥落下来形成一些小坑。继续运转中，随着小坑的不断增多，使轮齿不能正常啮合而失效。这种失效形式称为齿面疲劳点蚀。

对于闭式传动，由于润滑良好，则齿面点蚀是软齿面轮齿的主要损坏形式。在开式传动中，由于齿面磨损较快，点蚀还来不及出现或扩展，即被磨掉，所以一般看不到点蚀现象。

实践表明，齿面抗点蚀能力主要与齿面硬度有关，齿面硬度越高，抗点蚀能力越强。提高齿面硬度，降低齿面粗糙度，选择合适的润滑油，采用变位齿轮传动等都是提高齿面抗点蚀能力的重要措施。

3）齿面胶合

在高速重载的闭式传动中，常因啮合区温度升高，润滑油变稀，致使润滑油膜破裂，导致两齿面金属直接接触并互相粘连，其中较软齿面上的金属沿滑动方向被撕下来而形成伤痕，这种现象称为齿面胶合。

为了防止胶合产生，对于低速重载传动应选用黏度大的润滑油，对于高速重载传动应选用含抗胶合剂的润滑油。此外适当提高表面硬度及降低表面粗糙度也是防止胶合的有效方法之一。

4）齿面磨损

齿轮在啮合过程中，由于齿面间有相对滑动，故在载荷作用下，必然会产生磨损。严重的磨损将使齿面失去渐开线形状，齿侧间隙增大，从而产生冲击和噪声，甚至造成轮齿折断。齿面磨损是开式传动中不可避免的一种失效形式。在闭式传动中，选择合适的材料和热处理方法，降低表面粗糙度和保持良好的润滑，可以避免或减轻齿面磨损。

5）塑性变形

若轮齿材料较软，当其频繁启动和严重过载时，轮齿在很大载荷和摩擦力作用下，可能使齿面表层金属沿相对滑动方向发生局部塑性流动，而出现塑性变形。由于主动轮上所受的摩擦力是背离节线分别朝向齿顶和齿根作用的。故产生塑性变形后，齿面沿节线处就形成凹沟；而从动轮齿上所受的摩擦力则是分别由齿顶和齿根朝向节线作用的，故塑性变形后齿面沿节线处就形成凸棱。严重塑性变形时，在齿顶边缘处会出现飞边，且在主动轮上更易出现。若整个轮齿发生永久性塑性变形，就会使齿轮传动丧失工作能力。所以提高齿面硬度及采用黏度较高的润滑油，都有助于防止或减轻轮齿产生塑性变形。

三、机械设备润滑

当一个物体与另一个物体接触滑动时，其接触表面会产生摩擦。这种摩擦将造成动力消耗和零件磨损，降低机器的使用寿命，严重时导致设备损坏，为了防止或减少上述现象，就要加强设备润滑。润滑就是向摩擦表面供给润滑剂。润滑的主要目的是为了减小摩擦、减少磨损和冷却零件。此外，润滑还有防止零件锈蚀、缓冲吸振、洗除污物和密封等作用。

润滑剂分为液体润滑剂，即润滑油；半固体润滑剂，即润滑脂；固体润滑剂，即二硫化钼、石墨等；气体润滑剂。对于一般机械设备，通常采用润滑油或润滑脂润滑。

1. 润滑油

工业用润滑油有矿物油和合成油两类。合成油为化学合成产品，具有优良的综合性能，但价格高，目前多用于高温、高速和重载等特殊场合。矿物油系石油产品，性能较好，适用性广，成本较低，应用最多。矿物油种类繁多，一般按油品特性和应用场合分类。

对润滑油的基本要求是：较低的摩擦系数、良好的油性（指吸附和楔入能力）、一定的黏度（内聚力）、较高的纯度、较好的抗氧化性、无研磨和腐蚀性，以及较好的导热性、较大的热容量。

润滑油的主要性能指标如下：

（1）黏度：润滑液体的内摩擦力，即液体在外力作用下移动时在液体分子间所发生的内摩擦。黏度是润滑油最重要的性能指标。黏度有动力黏度与运动黏度之分，前者用于流体动力计算；后者为动力黏度与密度之比，常用于工业。黏度过大的润滑油不能流到配合间隙很小的两摩擦表面之间，因而不能起到润滑作用；黏度大、承压大，润滑油不易从润滑面之间挤出来，而保持一定厚度的油膜。因此它对机械润滑的好坏起着决定性作用，在选择或掺配润滑油时，黏度是主要指标之一。

润滑油黏度表示方法：黏度一般用动力黏度、运动黏度、条件黏度来表示。我国常用运动黏度来表示。按照 ISO（国际标准化组织）规定，采用 40 ℃时油液运动黏度平均值表示油液牌号。

（2）黏度指数（黏度比）：温度是影响油液黏度的最重要因素。温度升高，黏度将显著降低。黏度指数衡量润滑油黏度随温度变化快慢的程度。通常用 50 ℃黏度与100 ℃黏度的比值（黏度比）来判定它的黏温性。

黏度指数越大，温度变化对黏度的影响越小，说明油品的黏温性越好。

（3）凝点：润滑油在规定条件下冷却，失去流动性的最高温度称为凝点，反映其可使用的最低温度。一般要求凝点比最低使用温度低 5 ~ 10 ℃。

凝点表示润滑油耐低温的性能，所以在低温条件下工作的机械，应选择凝点低的润滑油。国外常采用倾点表示油的凝固温度。倾点为油品在给定条件下丧失流动性的温度以上 3 ℃（5 ℉）的温度。

（4）油性：是指润滑油湿润或吸附于摩擦表面的性能。吸附能力越强，油性越好。

（5）闪点：是指润滑油在规定条件下加热并与火焰接触发生瞬间闪火时的最低温度。

闪点常作为润滑油的一个安全指标，也可以根据闪点判断润滑油中是否混入轻质燃料。一般要求油闪点高于工作温度 20 ~ 30 ℃。

（6）极压性：是指润滑油中加入含硫、氯、磷的有机极性化合物后，油中极性分子在金属表面生成抗磨、耐高压化学反应膜的能力。机械在高速重载条件下工作时，要选用极压性好的油润滑。

2. 润滑脂

润滑脂是润滑油与稠化剂的膏状混合物。其润滑性能主要取决于所用的润滑油、稠化剂的种类和含量。

1）润滑脂种类

润滑脂分为矿物油润滑脂和合成油润滑脂两大类。矿物油润滑脂通常按所用的稠化剂来分类和命名，品种繁多，性能各异。常用的润滑脂有钙基润滑脂、钙钠基润滑脂、合成锂基润滑脂、石墨钙基润滑脂 4 种类型。

2）润滑脂主要质量指标

（1）滴点：润滑脂从不流动态变为流动态的温度，通常是以润滑脂在滴点计中按规定条件加热，滴出第一滴液体或流出油柱 25 mm 时的温度，作为此润滑脂的滴点。

滴点即润滑脂流失的温度，可作为确定使用温度上限的依据，一般工作温度应低于滴点 40~50 ℃以上。

（2）针入度：将 1.5 N 的标准圆锥体放入 25 ℃的润滑脂试样中，经过 5 s 后所沉入的深度称为润滑脂的针入度，单位为 1/10 mm。润滑脂按针入度自大至小分为 0~9 共 10 个牌号，牌号数字越大，针入度越小，脂越稠。针入度是表征润滑脂稠度的指标。

3. 添加剂

为了改善润滑油、脂的使用性能，常加入一定量的其他物质——添加剂，使其更好地满足不同使用场合的各种需要。添加剂种类很多，按所起的作用可分为：极压添加剂、油性剂、抗氧抗腐剂、黏度指数改进剂、降凝剂，等等。

4. 润滑油选择的基本原则及要求

设备说明书中有关润滑规范的规定是设备选用油品的依据，若无说明书或规定时，由设备使用单位自己选择。选择油品时应遵循以下原则：

（1）运动速度：速度越高越易形成油楔，可以选用低黏度润滑油来保证油膜的存在。选用黏度过高，则产生的阻抗大、发热量多，会导致温度过高。低速运转时，靠油的黏度来承载负荷，应选用黏度较高的润滑油。

（2）承载负荷：一般负荷越大选用润滑油的黏度越高。低速重载应考虑油品允许承载能力。

（3）工作温度：温度变化大时，应选用黏度指数高的油品，高温条件下工作应选用黏度和闪点高、油性和抗氧化稳定性好，有相应添加剂的油品。低温条件下工作应选用黏度低、水分少、凝固点低的耐低温油品。

（4）工作环境：潮湿环境及有气雾的环境应选用抗乳化性强、油性及防锈性好的油品，粉尘较大的环境应注意防尘密封。有腐蚀性气体的环境应选择抗腐蚀性能好的油品。

5. 润滑工作"五定""三过滤"

设备润滑工作"五定""三过滤"是把日常润滑技术管理工作规范化、标准化，保证做好设备润滑工作的有效方法。其内容如下。

五定：①定点，确定每台设备的润滑部位和润滑点，实施定点给油；②定质，确定设备润滑部位所需的油品品种、牌号及质量要求，所加油质必须经过化验合格；③定量，确定给油部位每次加油、换油的数量，实行耗油定额管理和定量换油；④定期，确定各润滑部位加油、换油的周期，按规定周期加油、添油和清洗换油，对储油量大的油箱按规定在周期内抽样化验，确定下次抽验和换油时间；⑤定人，确定操作工人、维修工人、润滑工人对设备润滑部位加油、添油和清洗换油的分工，各负其责，共同完成设备润滑。

三过滤：①入库过滤，油液经运输入库储存时过滤；②发放过滤，油液发放注入润滑容器时过滤；③加油过滤，油液加入贮油部位时过滤。

设备润滑良好应具备的条件：①所有润滑装置，如油嘴、油杯、油标、油泵及系统管道齐全、清洁、好用、畅通；②所有润滑部位、润滑点按"五定"要求加油，消除缺油干磨现象；③油绒、油毡齐全清洁，放置正确；④油与冷却液不变质、不混杂，符合要求；⑤滑动和转动等重要部位干净，有薄油膜层；⑥各部位均不漏油。

四、设备连接

1. 螺纹连接

螺纹连接是利用具有螺纹的零件构成的一种可拆连接，具有结构简单、装拆方便、成本低廉、工作可靠、互换性强、供应充足等优点，所以螺纹连接应用非常广泛。

螺纹连接有4种基本类型，即螺栓连接、双头螺柱连接、螺钉连接和紧定螺钉连接，前2种需拧紧螺母才能实现连接，后2种不需要拧紧螺母就能实现连接。

实际使用中，绝大多数螺纹连接在装配时都必须拧紧，使连接在承受工作载荷之前，预先受到力的作用，这个预加作用力称为预紧力。预紧的目的是增强连接的可靠性和紧密性，以防止受载后被连接件间出现缝隙或发生相对滑移，对于受拉螺栓连接，还可以提高螺栓的疲劳强度，特别是对于像气缸盖、管路凸缘、齿轮箱轴承盖等紧密性要求较高的螺纹连接，预紧更重要。

螺纹紧固件一般采用单线普通螺纹，其螺纹升角很小，能满足自锁条件。此外，拧紧以后，螺母和螺栓头部与支承面间的摩擦力也有防松作用，所以在静载荷和工作温度变化不大时，螺纹连接不会自动松脱。但在冲压、振动或变载荷的作用下，连接仍可能失去自锁作用而松脱，使连接失效，造成事故。因此保证连接安全可靠，要防止连接松脱，防松的根本在于防止螺纹副的相对转动。防松的方法很多，按工作原理不同，可分为3类，摩擦防松、机械防松（直接锁住）、破坏螺纹副的运动关系。

2. 轴毂连接

轴与轴上转动或摆动零件（如齿轮、带轮等）的轮毂之间的连接，称为轴毂连接，其作用主要是实现周向固定或轴向移动。

轴毂连接的形式很多，主要有键连接、花键连接、销及无键连接。键是标准件，根据键的结构形式，键连接可分为平键连接、半圆连接、楔键连接和切向键连接等几类。

花键连接是平键在数量上发展和质量上改善的一种连接，它由轴上的外花键和毂孔的内花键组成，工作时靠键侧面互相挤压传递转矩。与平键连接相比，花键连接具有以下优点：①轴上零件与轴的对中性好；②轴的削弱程度较轻；③承载能力强；④导向性好。缺点是制造比较复杂，需专用设备，成本高。花键已标准化，根据齿形，花键可分为矩形花键和渐开花键两种。

销连接一般用来传递不大的载荷或作安全装置。另外起定位作用，销按形状分为圆柱销、圆锥销和异形销3类。

凡在轴毂连接中不用键、花键或销的连接，统称为无键连接。无键连接的形式很多，主要有型面连接和过盈配合连接。

第二节 液压传动安全

掘进机是典型的利用液压传动系统来工作的机械设备，其大部分运动是靠液压传动来提供动力工作的，现把有关液压传动的基础知识介绍如下。

一、液压传动基本概念

1. 液压传动基本工作原理

利用封闭系统中的液体压力进行能量转换、传递和分配的传动方式叫作液压传动，其中的液体称为工作介质或工作液体。下面以液压千斤顶为例介绍液压传动基本工作原理。

液压千斤顶工作原理示意如图2-2所示。工作时关闭放油阀11，向上提起杠杆时，小活塞被带动上升，小液压缸2密封容积增大，形成局部真空。在大气压力作用下，油箱中的工作液体经油管、单向阀4进入小液压缸2。当向下压杠杆时，小活塞向下运动，密封容积变小，使小液压缸2内的油液受到挤压，由于单向阀已关闭，被挤压的油液便打开单向阀5进入大液压缸6，迫使大活塞向上移动顶起重物。反复移动手柄，油液就不断地输入大液压缸6，推动大活塞以一定速度上升，使重物升到所需高度。工作完毕后，打开放油阀11，在重物作用下，油液被排回油箱，重物下降复位。在液压千斤顶起重过程中，其相当于一个密封的连通器。

液压传动符合以下几个基本原理：

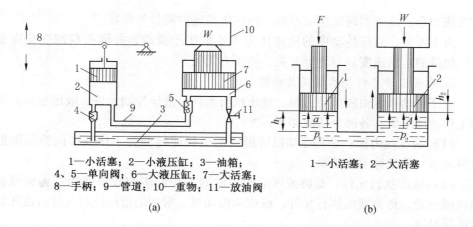

1—小活塞；2—小液压缸；3—油箱；
4、5—单向阀；6—大液压缸；7—大活塞；
8—手柄；9—管道；10—重物；11—放油阀

(a)

1—小活塞；2—大活塞

(b)

图 2-2　液压千斤顶工作原理示意图

（1）帕斯卡定律原理：液体在密封容器内传递力的过程中，利用液体的静压力来传递，可以将压力大小不变地向各个方向传递，也可以实现力的放大或缩小。

小活塞上的作用力 F 与大活塞上的负载力 W 之间的关系为

$$p = \frac{F}{a} = \frac{W}{A}$$

式中　p——系统压力；

　　　F——小活塞上的作用力；

　　　a——小活塞面积；

　　　W——大活塞上的负载力；

　　　A——大活塞面积。

（2）液体流动的流量连续性原理：液体在密封容器内传递运动的过程中，由于液体几乎不可被压缩，小液压缸输出的油液体积与输入大液压缸的油液体积相等。各速度之间的关系，只取决于密封空间的变化量，与所传递力的大小无关，可以实现减速或增速。它们之间的关系为

$$Q = V_1 a = V_2 A$$

式中　V_1——小活塞的运动速度；

　　　V_2——大活塞的运动速度；

　　　Q——单位时间内容积的变化量，即流量。

（3）能量守恒定律：液体在密封容器内传递能量的过程中，尽管可以实现

放大或缩小，或者实现减速或增速，但它所传递的能量为常数。

由上可知，液压传动中的液体压力大小取决于负载，并随负载的变化而变化；负载的运动速度只与流量有关，与压力无关。

2. 液压传动系统基本组成及功能

液压传动系统由液压动力源、液压执行元件、液压控制元件、液压辅助元件和工作液体组成。各部分功能如下：

（1）液压动力源：是将原动机所提供的机械能转变为工作液体的液压能的机械装置，通常称为液压泵。

（2）液压执行元件：是将液压泵所提供的工作液体的液压能转变为机械能的机械装置，称为液压执行元件，或称为液动机。常用的液压执行元件有液压缸或液压马达。

（3）液压控制元件：是对液压系统中工作液体的压力、流量和流动方向进行调节控制的机械装置，称为液压控制元件，通常称为液压阀。

（4）液压辅助元件：液压辅助元件的功能多且各不相同，液压辅助元件主要包括油箱、管道、接头、密封元件、滤油器、蓄能器、冷却器及各种液体参数的监测仪表等。

（5）工作液体：是能量承受和传递的介质，即能量载体，也起到润滑运动零件和冷却传动系统的作用。

液压传动系统基本组成示意如图 2-3 所示。

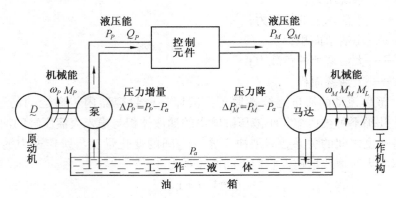

图 2-3　液压传动系统基本组成示意图

3. 液压传动基本技术参数

液压传动系统中最基本的技术参数是工作液体的压力和流量。

传动系统中工作液体的压力，在物理学中称为压强，表示单位面积上的受力大小，其法定计量单位是帕，用符号 Pa 表示，常用单位是兆帕，用 MPa 表示，过去在工程上常用 kgf/cm^2 表示。它们之间的换算关系是

$$1 \text{ MPa} = 10^6 \text{ Pa} \approx 10 \text{ kgf/cm}^2$$

流量的法定计量单位是立方米/秒，用符号 m^3/s 表示，工程上常用升/分钟表示，用符号 L/min 表示，它们之间的换算关系是

$$1 \text{ m}^3/s = 10^3 \text{ L/s} = 6 \times 10^4 \text{ L/min}$$

4. 液压系统职能符号图

液压系统中凡功能相同的元件，尽管其结构和工作原理不同，均用同一种符号表示，这种图形符号称为液压元件职能符号。职能符号只能表达元件的作用、原理，而不能反映元件的结构。按照有关规定，液压元件图形符号应用元件的静止位置或零位来表示。

二、液压元件

（一）液压泵

1. 液压泵基本工作原理

图 2 - 4 为手动单柱塞泵结构简图。缸孔 1 与柱塞 2 形成密封空间 V，当柱塞向上运动时，密封空间的容积增大而使其中的压力减小，油池中的液体在大气压力作用下，便推开单向阀 3 流入缸孔 1 中，这个过程称为泵的吸液过程。吸液过程中，单向阀 4 始终关闭，将低压缸孔与高压管道隔离。柱塞向下运动时，使密封空间容积减小，液体受到挤压，只得推开单向阀 4 而被压入管道，这就是排液过程。在排液过程中，单向阀 3 被关闭，而将高压密封空间与油池隔离。

不停地摇动杠杆，使柱塞连续往复运动，就可以将油池中的液体不断地吸入、排出缸孔，为液压传动系统提供有一定压力和流量的工作液体，也就是将作用在杠杆上的机械能转换为工作液体的压力能的过程。

上述类型的泵能实现吸、排液体的

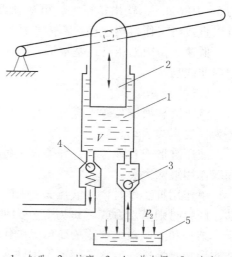

1—缸孔；2—柱塞；3、4—单向阀；5—油池

图 2 - 4 手动单柱塞泵结构简图

根本原因是密封空间 V 的容积变化，所以这种泵又称为容积式液压泵。

2. 液压泵类型

泵的类型很多，按结构不同可分为柱塞泵（包括径向柱塞泵和轴向柱塞泵）、叶片泵（包括单作用叶片泵和双作用叶片泵）和齿轮泵（包括外啮合齿轮泵和内啮合齿轮泵）；按流量特点不同可分为定量泵和变量泵；按排油方向特点不同可分为单向泵和双向泵；按组合形式不同可分为双联泵、三联泵。

（二）液压马达

1. 液压马达类型

矿山机械中常用下列几种液压马达：

（1）齿轮马达：外啮合渐开线齿轮马达和内啮合摆线齿轮马达。

（2）叶片马达：单作用叶片马达和双作用叶片马达。

（3）柱塞马达：轴向柱塞马达和径向柱塞马达。

除此以外，液压马达还常常按其工作速度的范围，分为高速马达和低速马达，高速马达主要有齿轮式马达、叶片式马达和轴向柱塞式马达，主要特点是转速高、转动惯量小。低速马达主要有各种径向柱塞马达和行星转子式摆线马达，主要特点是排量大、体积大、转速低。

2. 径向柱塞马达

广泛用于起重、运输、建筑、矿山和船舶等机械上的马达多为低速大扭矩液压马达，通常这类马达在结构形式上多为径向柱塞马达，其特点是最低转速低，为 $5 \sim 10$ r/min；输出扭矩大，可达几万牛·米；径向尺寸大，转动惯量大。它可以直接与工作机构连接，不需要减速装置，使传动结构大为简化。

低速大扭矩液压马达基本形式有 3 种：曲柄连杆马达、静力平衡马达和多作用内曲线马达。

（三）液压缸

液压缸和液压马达一样，也是液压系统的执行元件，其特点是输出的运动状态为往复直线运动。

液压缸形式各种各样，分类方法各不相同，按作用方式不同可分为单作用缸和双作用缸两大类。

单作用缸工作时，从液压缸一侧进液，依靠液压力推动活塞朝一个方向运动，回程时则借重力或弹簧力等外力使活塞反向运动。这种液压缸的连接管路少，结构和液压系统都比较简单。单作用液压缸有柱塞式、活塞式和伸缩式 3 种结构形式。掘进机通常采用单作用柱塞式液压缸作为履带行走机构的液压张紧缸或润滑脂张紧缸。单作用活塞式和单作用柱塞式液压缸结构原理如图 2-5 所示。

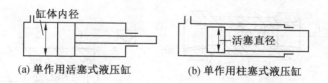

(a) 单作用活塞式液压缸　　　　(b) 单作用柱塞式液压缸

图2-5　单作用活塞式和单作用柱塞式液压缸结构原理

双作用缸是从液压缸两侧进液，利用液压力推动活塞正反两方向运动的液压缸，有单活塞杆式、双活塞杆式和伸缩式等3种类型，其中双作用单活塞杆式液压缸使用最广泛。双作用单活塞杆式液压缸的特点是：两腔的有效作用面积不等，无杆腔进液时推力大而速度慢，有杆腔进液时推力小而速度快。双作用单活塞杆式液压缸结构原理如图2-6所示。

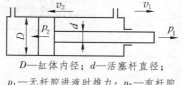

D—缸体内径；d—活塞杆直径；
p_1—无杆腔进液时推力；p_2—有杆腔进液时推力；v_1—无杆腔进液时速度；
v_2—有杆腔进液时速度

图2-6　双作用单活塞杆式
液压缸结构原理图

（四）液压控制阀

在液压系统中液压控制阀是用来控制液体压力、调节流量、改变液体流向的液压元件。

1. 方向控制阀

凡用于变换液流通道、控制工作液体流动方向的元件，称为方向控制阀。方向控制阀有单向阀、换向阀等。

1）单向阀

单向阀又称为逆止阀或止回阀。它的基本功能是允许液体向一个方向流动，而不允许液体反向通过。

（1）普通单向阀。普通单向阀结构原理和图形符号如图2-7所示。

当工作液体从 P_1 方向流入时，压力油克服压在阀芯上的弹簧作用力，以及阀芯、阀体间的摩擦阻力，顶开阀芯，经过内部孔道，从出液腔 P_2 流出。而当工作液体从相反方向流入时，在弹簧和压力的作用下，阀芯紧压在阀座上，截断通路，使工作液体不能通过。

单向阀阀芯通常有球形和锥形两种。球形阀芯结构简单，但阀芯没有导向，密封件易失效，易产生振动和噪声，一般用在低压小流量系统中。锥形阀芯密封性好，工作平稳，但结构和制造工艺较复杂，一般用在高压大流量系统中。

（2）液控单向阀。液控单向阀也称为液压锁，是在普通单向阀上增加液控部分，其结构原理和图形符号如图2-8所示。

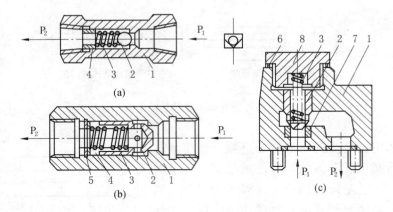

1—阀体；2—阀芯；3—弹簧；4—弹簧座；5—弹簧圈；6—密封圈；7—阀座；8—顶盖

图2-7 普通单向阀结构原理和图形符号

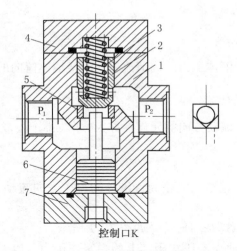

1—阀体；2—阀芯；3—弹簧；4—上盖；
5—阀座；6—控制活塞；7—下盖

图2-8 液控单向阀结构原理和图形符号

当控制口 K 无控制液压力时，和普通单向阀一样，工作液体只能从 P_1 进入推开阀芯从 P_2 流出，不允许反方向流动。当控制口 K 有控制压力时，控制活塞在液体压力作用下向上移动，活塞杆顶开阀芯，可使工作液体能从 P_2 进入由 P_1 流出，反向通过，解除单向阀的逆止作用。

2）换向阀

换向阀利用阀芯与阀体之间的相对位置变化，来改变阀体上各阀口之间的连通关系，以达到接通、断开液路，控制工作液体流动方向的目的。

（1）换向阀分类。换向阀应用非常广泛，种类繁多，分类方法也多种多样。

按阀芯结构与运动方式不同，可分为滑阀、转阀和球阀；按阀操纵方式不同，可分为手动阀、机动阀、液动阀、电动阀，以及复合控制阀；按阀芯工作位置数量不同，可分为二位阀、三位阀、四位阀及多位阀；按阀芯所控制的阀口数量不同，可分为二通阀、三通阀、四通阀、五通阀及多通阀。

（2）换向阀机能及其结构。下面以应用最广泛的三位四通换向滑阀为例介绍其结构功能。三位四通换向滑阀处在中间位置时的阀口连接关系，称为滑阀机能。常用的机能类型有 O 型、H 型、M 型和 Y 型 4 种，如图 2-9 所示。

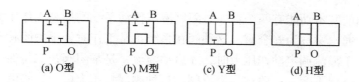

(a) O 型　　　(b) M 型　　　(c) Y 型　　　(d) H 型

图 2-9　换向滑阀机能类型

①O 型机能：O 型机能各阀口互不相通。

②H 型机能：4 个阀口连通在一起。

③M 型机能：进、回液口 P、O 连通，工作阀口 A、B 闭锁。

④Y 型机能：A、B、O 3 口相通，P 口关闭。

图 2-10 为三位四通换向滑阀结构示意图及职能符号图。

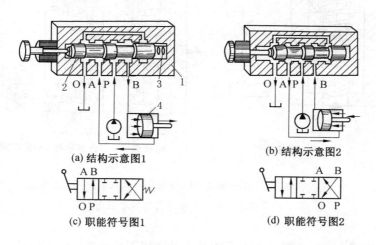

(a) 结构示意图1　　　　　　(b) 结构示意图2

(c) 职能符号图1　　　　　　(d) 职能符号图2

1—阀体；2—阀芯；3—复位弹簧；4—液压缸

图 2-10　三位四通换向滑阀结构示意图及职能符号图

当阀芯处于左边位置时，P 口与 B 口接通，A 口与 O 口接通；当阀芯处于中间位置时，各阀口互不相通；当阀芯处于右边位置时，P 口与 A 口接通，B 口与 O 口接通。阀芯处于不同位置可改变工作液体的方向。

2. 压力控制阀

压力控制阀的基本作用是控制和调节液压传动系统中工作液体的压力，大致可分为溢流阀、顺序阀和减压阀三类。

1）溢流阀

溢流阀的基本功能有两个：一是限制液压传动系统的最高工作压力，起安全保护作用，通常又称为安全阀。这种阀在系统正常工作时处于关闭状态，只有在系统压力大于溢流调定动作压力时，才启动溢流，是常闭阀；二是保持液压泵输出压力基本稳定不变，一般称为溢流阀。这种阀保持压力恒定，将液压泵多余的流量溢流回油箱，是常开的。

图 2 – 11 为直动式溢流阀结构示意图。

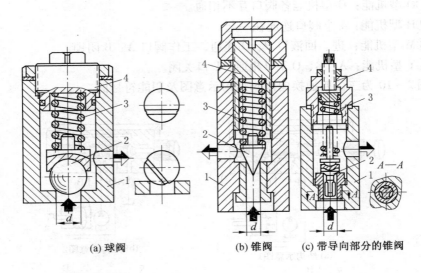

(a) 球阀　　　　　(b) 锥阀　　　　(c) 带导向部分的锥阀

1—阀体；2—阀芯；3—弹簧；4—调压螺栓

图 2 – 11　直动式溢流阀结构示意图

当进液压力 p 较小时，阀芯在弹簧力的作用下处于关闭状态，阀不溢流；当进液压力 p 升高到作用在阀芯上的作用力超过弹簧力时，溢流阀的阀芯被顶开，从而使压力液体经溢流口溢流回至油箱。调整调压螺栓，可改变弹簧的压紧力，即能改变溢流阀的动作压力。

2）顺序阀

顺序阀在液压系统中的作用是控制执行元件先后顺序动作，以实现系统自动控制。顺序阀实际上是一个由压力控制的油液开关。

3）减压阀

减压阀的主要作用是减小液压系统中某一支路的油液压力。

3. 流量控制阀

流量控制阀是控制和调节液压系统流量的液压元件。常用的流量控制阀有节流阀、调速阀、溢流节流阀和分流阀等。

节流阀是其他各种流量控制阀的基础，其基本工作原理是通过改变阀口的通流截面积，来调节其通过流量的。节流阀实质上是一个局部可变液阻。

下面主要介绍在掘进机上常用的一种单向节流阀，如图2－12所示。

工作液体从进液口进入，通过阀芯与阀体组成的节流口从出液口流出，转动调节螺栓可使阀芯上下移动，以改变节流口的过流面积，实现流量控制。因进液口压力大于出液口压力，在弹簧及压紧调节螺栓的作用下，能保持一定节流口开度。当工作液体反向流动时，液流压力差足以克服弹簧力将阀芯推开，使节流口开度最大，失去节流作用。

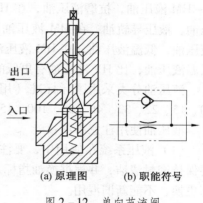

(a) 原理图　　(b) 职能符号

图2－12　单向节流阀

（五）液压辅助元件

液压辅助元件主要包括油箱、管道、接头、密封元件、滤油器、蓄能器、冷却器及各种液体参数的监测仪表等。

（1）油箱：储存液压系统必要的工作液体，同时兼有散热、沉淀杂质、分离液体中混入的水气等作用。

（2）管道及接头：在液压系统中用来传送工作液体，必须有足够的耐压强度和良好的密封性能。

（3）滤油器：除油箱可以沉淀析出一部分大颗粒固体杂质，滤油器是清除工作液体中固体杂质，防止被污染最有效的元件。

（4）密封元件：防止液体泄漏或杂质从外部侵入液压系统。

（5）蓄能器：是一种能把压力油液的液压能储存在耐压容器里，待需要时又将其释放出来的一种装置。它的主要作用是储存液压能，缓冲、吸收液压脉动。

（六）工作液体

液压油在液压传动中作为工作介质起着重要作用，其功能主要有传递能量、润滑机器、减少机器摩擦和磨损、防止机器生锈和腐蚀、对液压设备内的一些间隙起密封作用，带走摩擦热，起冷却作用、冲洗作用、分散作用等。为了达到以上功能，液压油必须具备以下特性：合适的黏度和良好的黏温特性，良好的抗氧化性、防腐蚀性、抗乳化性、抗磨性、抗泡性和空气释放性、水解安定性，有较好的抗剪切性、过滤性，以及对密封材料的影响小等。

我国矿物型和合成烃型液压油的产品标准是 GB11118.1 – 2011，包括 HL、HM、HG、HV、HS 五个品种的技术规格。L – HL 液压油，抗氧防锈型液压油；L – HM 液压油，抗磨液压油，在 HL 液压油的基础上改善了抗磨性；L – HG 液压油，液压导轨油，在 HM 液压油的基础上添加了减摩剂改善黏滑性。L – HV 液压油，低温液压油，在 HM 液压油的基础上改善了低温特性；L – HS 液压油，低温液压油，比 HV 液压油有更低的倾点。

液压油分类采用国际标准（用 40 度的黏度中心值）为黏度牌号，共分为 10、15、22、32、46、68、100、150 八个黏度等级。

液压油使用注意事项：

（1）液压系统在使用中，要注意防止灰尘、水等有害物质混入。液压系统要保持密封清洁，并根据换油指标及时更换新油，换油时还要清洗液压系统并全部更换，不能新旧混用。

（2）由于国内外液压油所采用的添加剂不相同，一般不允许在进口机械原车液压油中添加国产液压油混合使用，如必须添加时应做混兑试验。

（3）液压系统换油时，应按一定步骤进行，否则不但旧油换不干净，反而使新旧油混在一起，达不到换油的目的。

（4）液压油的换油期应按说明书要求进行，并需同时更换或清洗滤芯。

第三节　掘进电气安全

一、井下电气保护的要求

《煤矿安全规程》对电气保护装置的要求如下：

（1）严禁井下配电变压器中性点直接接地。严禁由地面中性点直接接地的变压器或者发电机直接向井下供电。

（2）井下不得带电检修电气设备。严禁带电搬迁非本安型电气设备、电缆，采用电缆供电的移动式用电设备不受此限。

检修或者搬迁前，必须切断上级电源，检查瓦斯，在其巷道风流中甲烷浓度低于 1.0% 时，再用与电源电压相适应的验电笔检验；检验无电后，方可进行导体对地放电。开关把手在切断电源时必须闭锁，并悬挂"有人工作，不准送电"字样的警示牌，只有执行这项工作的人员才有权取下此牌送电。

（3）井下高压电动机、动力变压器的高压控制设备，应当具有短路、过负荷、接地和欠压释放保护。井下由采区变电所、移动变电站或者配电点引出的馈电线上，必须具有短路、过负荷和漏电保护。低压电动机的控制设备，必须具备短路、过负荷、单相断线、漏电闭锁保护及远程控制功能。

（4）井下配电网路（变压器馈出线路、电动机等）必须具有过流、短路保护装置；必须用该配电网路的最大三相短路电流校验开关设备的分断能力和动、热稳定性以及电缆的热稳定性。

必须用最小两相短路电流校验保护装置的可靠动作系数。保护装置必须保证配电网路中最大容量的电气设备或者同时工作成组的电气设备能够启动。

二、掘进工作面供电安全

掘进工作面负荷较小，用 1 台移动变压站就能满足一个工作面的配电需要。其供电线路长，属于干线式供电。但煤巷、半煤岩巷和岩巷掘进工作面最大的一个特点是要用局部通风机进行通风，一旦因中断供电而使局部通风机停止运转，则会导致掘进工作面及其附近巷道积聚瓦斯和其他有害气体。时间稍长，瓦斯和有害气体浓度就会超限，若遇电火花或电弧，就会引起瓦斯燃烧或爆炸事故。为防止这种情况的出现，《煤矿安全规程》要求使用局部通风机通风的掘进工作面，必须做到"三专两闭锁"。

1. 局部通风机采用"三专"供电

保证局部通风机的正常运转是决定掘进工作面安全生产的一个重要环节。按照《煤矿安全规程》规定，高瓦斯、突出矿井的煤巷、半煤岩巷和有瓦斯涌出的岩巷掘进工作面，正常工作的局部通风机必须采用"三专"（专用开关、专用电缆、专用变压器）供电，专用变压器最多可向 4 个不同掘进工作面的局部通风机供电。

2. 风电闭锁与瓦斯电闭锁

（1）风电闭锁，是指为掘进工作面供风的局部通风机供风后，其工作面的瓦斯浓度在《煤矿安全规程》的规定范围内，才可人工为该工作面动力电源线路送电的电气联锁。其作用是防止停风或瓦斯超限的掘进工作面在送电后产生电火花，造成瓦斯燃烧或爆炸。

（2）瓦斯电闭锁，是指掘进工作面正常供风或停风的状态下，瓦斯浓度超过规定值或整定值时，切断掘进工作面动力电源，瓦斯监控装置与动力电源开关间的联锁。其作用是防止正常通风产生局部瓦斯积聚时，造成电火源而引发事故。

三、煤矿井下常见的电气故障

1. 井下常见的漏电故障

（1）运行中的电气设备绝缘部分受潮或进水，电缆长期浸泡在水中，使与地之间的绝缘电阻下降到危险值以下，造成一相接地漏电。

（2）铠装电缆受机械或其他外力挤压、砍砸、过度弯曲等而产生裂口或缝隙，长期受潮气或水分侵蚀，使绝缘损坏而漏电。

（3）电缆与电气设备连接时，由于火线接头压接不牢，封堵不严、接线嘴压板不紧，移动时接头脱落，造成一根火线与外壳搭接，或接头发热烧坏而漏电。

（4）电气设备内部的连接头脱落，由于长期过负荷运行使绝缘损坏造成一相火线接外壳而漏电。

（5）电气设备内部任意增设其他部件，使带电部分与外壳之间的电气距离小于规定值，造成火线对外壳漏电接地。

（6）电缆与电气设备连接时，由于接错线，使一相火线接外壳而漏电。

2. 井下常见的电缆故障

（1）电缆落在地上，甚至浸泡在水中，遇到各种机械性的压、挤、刨、刺或砸等使电缆绝缘损坏而漏电或发生短路事故。

（2）铠装电缆弯曲半径过小，使电缆铠甲裂口，铅包裂纹，导致由此侵入潮气或水分，使电缆的绝缘损坏而漏电造成事故。

（3）电缆吊挂位置过低，电车头或矿车掉道时将电缆碰撞坏；电缆吊挂过高，巷道顶板来压时，由于支架变形将电缆挤坏。

（4）鸡爪子、羊尾巴、明接头是造成漏电和相间短路的主要原因之一。

（5）电缆或电缆接头制作质量不合要求，造成相间短路或断线。

（6）回柱绞车钢丝绳或输送机链板等将电缆拉断。

（7）由于过负荷运行使电缆过热，绝缘老化而损坏。

为了防止发生各种电缆事故，除设计安装应符合技术规程的要求外，还必须按规定悬挂；高度、强度适当；使用中还要定期巡回检查，出现可能危及电缆的情况时，应立即采取防护措施；应定期测定其绝缘电阻，按规定作预防性绝缘性能试验，发现问题或缺陷，及时汇报处理；必须正确设置漏电、过负荷和短路保护装置，并保证其动作可靠。

3. 井下常见的电气短路事故

井下常见的电气短路事故及产生原因有：

（1）电缆放炮（爆炸）。电缆放炮或爆炸，是发生了两相或三相短路，这时将发出较大的爆裂声。产生这种短路事故的主要原因是：制作电缆接头时工艺质量不合格，常在三叉口发生短路；由于矿车掉道等机械性撞、压、挤，放炮崩等原因，使芯线绝缘损坏击穿而发生短路；铠装电缆由于弯曲过度使铠装层和铅包层发生裂纹、受潮气侵入后发生短路。

（2）变压器、电动机、开关等电气设备内部发生短路。产生这种短路事故的原因有：产品质量不合格，检修质量低劣，由于金属工具遗忘在设备内部造成相间短接或长期闲置绝缘受潮，投入运行前又没有按规定作必要的绝缘性能试验，一送电就使绝缘击穿而造成短路事故。

（3）三相短路接地线没有拆除就送电造成三相短路。电气设备停电进行维修或处理有关问题时，为了安全，按作业规程要求，必须将三相短路接地以后才能在设备上工作。如果忘记拆除这种短路接线就送电，会立即发生短路事故。

（4）不同相序的二路电源线或两台变压器并联运行，立即造成相间短路。二路电源线或两台变压器并联时，必须按相序相同的原则进行连接，连接前必须找好同相序，如果相序不同，必然造成相间短路。

（5）加在电器上的电压过高（即过电压）使电气设备的绝缘击穿而发生短路。

4. 井下常见的人身触电事故

触电事故是人身触及带电体或接近高压带电体时，有电流通过人身造成的。触电对人身破坏很大，其主要伤害为电击和电伤。电击是人身触电后，人体构成了电路的一部分，电流通过人体，引起热化学作用，电解血液，刺激人的呼吸器官。

井下常见的触电事故有：

（1）人身触及已经破皮漏电的导线或由于漏电而带电的设备金属外壳，造成触电伤亡。

（2）停电检修时，由于停错电或维修完毕后送错电而造成维修人员触电伤亡。

（3）误送电造成触电伤亡。

（4）违反《煤矿安全规程》规定，进行带电作业，造成触电伤亡。

（5）在停车场乘坐罐车或违章爬乘煤车时触及带电的架空线而触电伤亡。

（6）在设有电车架空线的巷道中行走，肩扛金属长钎子或撬棍并高高翘起碰到架空线而触电。

（7）高压电缆在停电以后，由于电缆的电容量较大，必定储有大量电能，如果没有放电就有人去触摸带电的火线，容易造成触电伤亡。

第三章　掘进机的结构及工作原理

第一节　掘进机的结构

一、掘进机的种类

掘进机的种类繁多，大体上主要有以下几类。

（1）按照掘进机适用的煤岩类别不同，分为煤巷掘进机、岩巷掘进机和半煤岩巷掘进机。其中以煤巷掘进机为主，主要适用于全煤巷道掘进。岩巷掘进机主要适用于全岩巷道掘进。半煤岩巷掘进机既适用于煤巷掘进，又适用于半煤岩巷掘进。

（2）按照掘进机装载转运方式不同，分为耙爪—刮板输送机型、双环形刮板链—刮板输送机型和单环形刮板链型3种。其中以耙爪—刮板输送机型为主，这种装运机构工作可靠，装载效果好，但掘进机工作时，大都需要支撑液压油缸将机身稳住，履带不能随意开动，所以装载面宽度受到限制。

（3）按照掘进机截割滚筒布置方式不同，分为横轴式和纵轴式两种。横轴式掘进机的截割轴线垂直于截割臂轴线。这种类型的掘进机截割较硬岩石时的振动明显低于纵向截割掘进机截割较硬岩石时的振动，因此，稳定性能好。但每次进刀深度较小，钻进效率较低。纵轴式掘进机截割头的旋转轴线与截割臂轴线重合。这种类型的掘进机向工作面方向推进时，不受任何限制，就可达到截割深度，因此，钻进效率较高，尤其在煤巷掘进中使用较为经济。但截割头横向阻力大于横轴式掘进机，因此，截割较硬岩石时，振动较大，稳定性较差，为了提高掘进机的稳定性，一般机体质量较大。

本章以现在煤矿应用较为广泛的 EBZ150A 型掘进机为例介绍其结构、组成特点及工作原理等。

二、掘进机的组成及结构特点

EBZ150A 型掘进机是耙爪—刮板输送机型的纵轴式掘进机，主要用于煤岩

硬度 $f \leqslant 6.5$ 的煤巷、半煤岩巷，以及软岩的巷道、隧道掘进。

EBZ150A 型含义：

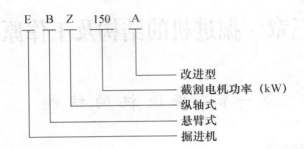

该掘进机由截割部、铲板部、第一输送机、本体部、行走部、后支承、液压系统、水系统、润滑系统、电气系统等构成，总体结构如图 3－1 所示。

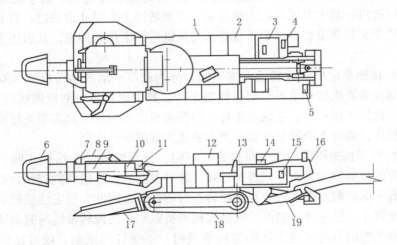

1—油箱；2—油压动力装置；3—喷雾泵；4、5—照明灯；6—截割头；7—喷雾嘴；8—托梁架；
9—截割减速器；10—截割电动机；11—前照明灯；12—操纵箱；13—司机座；14—瓦斯监控器；
15—电磁开关箱；16—中间输送机；17—耙装机构；18—行走机构；19—起重器

图 3－1　EBZ150A 型掘进机

EBZ150A 型掘进机是一种中型掘进机，整机具有以下特点：

（1）截割部可伸缩，伸缩行程为 550 mm。

（2）具有内外喷雾，外喷雾前置，合理设计喷嘴位置，强化外喷雾效果。

（3）铲板底部大倾角，整机离地间隙大，爬坡能力强。

（4）中间输送机为平直结构，与铲板搭接顺畅，龙门高、运输通畅。

（5）本体、后支承箱体形式为焊接结构，刚性好，可靠性高。

（6）液压系统采用恒功率、压力切断、负载敏感控制。

（7）电气系统采用模块化设计，具有液晶汉字动态显示功能。

（8）重心低，机器稳定性好。

EBZ150A 型掘进机具有下列安全保护性能：

（1）掘进机电控设备的设计、制造符合《爆炸性环境　第 1 部分：设备　通用要求》（GB 3836.1—2010）、《爆炸性环境　第 2 部分：由隔爆外壳"d"保护的设备》（GB 3836.2—2010）和《煤矿安全规程》规定。

（2）所有安标受控配套件均取得煤矿安全标志准用证。

（3）掘进机设有启动报警装置和前后照明灯。

（4）掘进机设有制动系统及防滑保护装置。

（5）截割机构和装运机构设有过载保护装置。

（6）油泵电机、截割电机、转载机电滚筒之间启停顺序，在电控系统中设有闭锁装置。

（7）液压系统设有过滤装置，还设有压力、油温、油位显示装置。

（8）电控系统设有紧急切断和闭锁装置，在司机座位另一侧还装有紧急停止按钮。

（9）掘进机设有内外喷雾系统，并设有水过滤装置。

（10）具有液晶汉字动态显示提示操作功能。

第二节　掘进机的工作原理

以 EBZ150A 型掘进机为例，说明掘进机的工作原理。

一、机械结构部分及工作原理

1. 机械传动系统

机械传动系统如图 3 - 2 所示。

整机的机械传动分为 4 部分：

（1）截割机构传动：截割电机经过截割减速器的两级行星减速后带动主轴旋转，截割主轴通过与截割头的内花键连接从而驱动截割头旋转。

（2）装载机构传动：通过低速大扭矩马达直接带动星轮旋转。

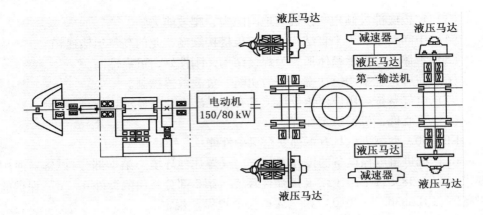

图 3 - 2　机械传动系统

（3）运输机构传动：通过两台低速大扭矩马达直接驱动第一输送机主动链轮旋转，主动链轮拨动刮板链运转。

（4）行走机构传动：液压马达通过行星减速器减速后带动驱动轮旋转，驱动轮拨动履带板运转。

2. 截割部工作原理

截割部由截割头、伸缩部、截割减速器、截割电机组成，如图 3 - 3 所示。

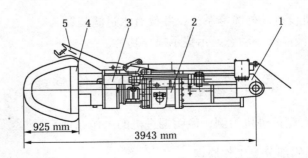

1—截割电机；2—截割减速器；3—伸缩部；4—截割头；5—托梁器

图 3 - 3　截割部

1）截割头

截割头为圆锥台形，在其圆周螺旋分布 42 把截齿。截割头通过花键套和 2 个 M30 × 90 的高强度螺栓与截割头轴相连，使主轴带动截割头旋转。

2）伸缩部

伸缩部位于截割头和截割减速器中间，通过伸缩油缸使截割头具有 0.55 m 伸缩行程。伸缩部主要由截割头轴、伸缩内筒、伸缩外筒、伸缩保护筒等组成。

3）截割减速器

截割减速器是两级行星齿轮传动，它和伸缩部用 26 个 M24 的高强度螺栓相连。

4）截割电机

截割电机为双速水冷电机，使截割头获得两种转速，它与截割减速器通过定位销和 25 个 M24 的高强度螺栓相连。

3. 铲板部工作原理

铲板部是掘进机的装载部分，由主铲板、侧铲板、铲板驱动装置、从动轮装置等组成。铲板部通过两个液压马达带动三齿星轮，把截割下来的物料装到第一输送机内。

铲板宽度为 2.9 m，由主铲板、侧铲板用高强度螺栓连接组成，铲板在油缸作用下可向上抬起 342 mm，向下卧底 350 mm。

铲板驱动装置由星轮、马达座、旋转盘、马达等组成，通过同一油路下的两个控制阀各自控制一个液压马达，对弧形三齿星轮进行驱动，并能够获得均衡的流量，确保星轮在平稳一致的条件下工作，提高工作效率，降低故障率。

4. 第一输送机工作原理

第一输送机位于机体中部，是边双链刮板式输送机。输送机分为前溜槽、后溜槽。前后溜槽用高强度螺栓连接，输送机前端通过插口与铲板和本体销轴相连，后端通过高强度螺栓固定在本体上。采用两个液压马达直接驱动链轮，带动刮板链组运动实现物料运输。张紧装置采用丝杠加弹簧缓冲结构，对刮板链的松紧程度进行调整。

5. 本体部

本体部位于机体中部，是用板材焊接而成的。本体右侧装有液压系统的泵站，左侧装有操纵台，前面上部装有截割部，中部装有铲板部及第一输送机。在其左右侧下部分别装有行走部，后部装有后支撑部。

6. 行走部工作原理

行走部主要由定量液压马达、减速器、履带链、张紧轮组、张紧油缸、履带架等组成。定量液压马达通过减速器及驱动轮带动履带链行走。履带链与履带架体采用滑动摩擦式，简化了结构。

1）履带张紧机构

履带张紧机构由张紧轮组和张紧油缸组成，履带松紧程度是靠张紧油缸推动张紧轮组来调节的。张紧油缸为单作用形式，张紧轮伸出后靠卡板锁定。

2）履带制动装置

履带制动装置由制动阀释放阀块和行走减速箱内置制动器组成。制动阀释放阀块配备 3 个内装梭阀和 1 个弹簧对中的 2 位 3 通方向阀。当行走马达任意口有高压液通过时，都能通过制动阀释放阀块导通控制液打开液压制动器。

7. 后支承

后支承的作用是减少截割时机体振动，提高工作稳定性并防止机体横向滑动。在后架架体两边分别装有升降支承器，利用油缸实现支承。后支承架用 M24 的高强度螺栓通过键与本体相连，后支承后部与第二输送机连接。电控箱、泵站都固定在后支承支架上。

二、液压系统及喷雾系统工作原理

1. 液压系统

EBZ150A 型掘进机的液压系统是一个开式回路系统，系统工作介质为 N68 号抗磨液压油，系统工作压力为 18 MPa。

液压系统由油缸（包括截割头升降油缸、截割头回转油缸、截割头伸缩油缸、铲板油缸、后支承油缸、履带张紧油缸）、马达（包括行走、运输、内喷雾马达）、操纵台、泵站，以及相互连接的油管等组成。

1）功能

（1）行走马达驱动。

（2）星轮马达驱动。

（3）第一输送机马达驱动。

（4）内喷雾泵马达驱动。

（5）截割头上、下、左、右、前、后移动。

（6）铲板升降。

（7）后支承器升降。

（8）履带张紧。

（9）为锚杆机提供两个动力接口。

2）工作原理

液压系统由一台双联组合变量泵供油，变量泵用 75 kW 风冷电机驱动，输出 2 路压力油，分别供给七联换向阀和四联换向阀，其中七联换向阀控制左右行走马达、截割升降油缸、履带张紧油缸、截割回转油缸、炮头伸缩油缸、铲板升降油缸和后支撑油缸，控制方式为手动弹簧复位式操作，其中截割升降油缸和履带张紧油缸共用一片换向阀，通过一个球形截止阀进行转换控制，截止阀打开时，张紧油缸动作，履带张紧，张紧后采用卡板定位，关闭截止阀；四联换向阀控制喷雾泵马达、左右星轮马达、输送机马达，控制方式为手动卡槽定位式操作，其中通过控制左右星轮的两片阀后串接 2 块手动 2 位 3 通换向阀，可为用户提供两路锚杆机动力源。液压系统共有 11 个油缸，其中，截割头升降油缸 2 个、铲板升降油缸 2 个、截割头回转油缸 2 个、后支承器升降油缸 2 个、截割头伸缩油缸 1 个、履带张紧油缸 2 个，前 4 种油缸均设有安全型平衡阀。

3）操纵台

操纵台上装有换向阀、压力表，通过操作手柄完成各油缸及液压马达的动作，通过压力表开关的不同位置可以分别检测各回路油压状况。

（1）换向阀。在司机座席前端是七联阀组，在司机座席右侧是四联阀组。七联阀是控制一泵与行走马达、各油缸油路的中间液压原件，四联阀是控制二泵与第一输送机、星轮、喷雾油路的中间液压原件，其可将负载的压力信号反馈给各自的变量泵，七联阀和四联阀的压力调整均通过各自的限压阀（最高压力均为 22 MPa），其中四联阀的喷雾泵用限压阀，最高压力为 10 MPa。

（2）压力表：在操作台上装有六点压力开关表。通过旋转六点压力表使其红点对应不同位置，可以分别检测各处的油压状况。

注意：行走制动压力不超过 5 MPa。

2. 水系统

水系统分内外喷雾水路。外来水经反冲洗过滤器过滤后分为两路，第一路经油箱内置冷却器通过四通块通往外喷雾架，由雾状喷嘴喷出；第二路经二级过滤、减压、冷却（液压系统外置冷却器）后再分为两路，一路经截割电机（冷却电机）后射流喷出，另一路经水泵加压（3 MPa）后，由截割头内喷出，起到冷却截齿及灭尘作用。水系统原理如图 3-4 所示。

三、电控系统及工作原理

1. 电控系统特点及组成

1）电控系统特点

掘进机电控系统是整机的主要组成部分，与液压系统配合操作，可自如实现整机的各种生产作业。掘进机电控系统以可编程序控制器和掘进机综合保护器为核心，对截割、液压、第二输送机、3 个电机的过压、欠压、过温、过载、过流、三相平衡状态、电机及其电缆的绝缘状态（漏电闭锁）进行监控和保护，

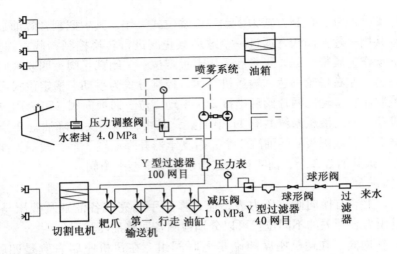

注意：截割头截割前，必须启动内喷雾，否则喷嘴阻塞，影响灭尘效果。

图 3 - 4 水系统原理

并具有瓦斯监控和低压漏电保护功能。控制系统具有程序控制、保护模块化、可靠性高、抗震动、抗干扰等特点，综合保护器与操作箱上液晶显示屏通信。当工作正常时，显示系统工作电压、各电机运行状态及截割电机负荷大小，使掘进机操作者对机器的工作情况一目了然。当系统故障时，显示故障状态并有记忆功能，使操作者及维修人员非常容易地判断故障原因。开关箱仪表盘同时显示系统工作电压、油泵工作时间、截割工作时间及系统故障等情况，系统可在 660 V 或 1140 V 额定电压下工作。

2）电控系统组成

EBZ150A 掘进机的电控设备主要由矿用隔爆兼本质安全型开关箱 KXJ4 - 236/1140（660）E（以下简称开关箱）和矿用隔爆型操作箱 CX4 - 10/24E（以下简称操作箱）两部分组成，它们和 BAL1 - 36/127 - 150 矿用隔爆电铃、DGY35/24B 隔爆型照明灯、GJ4 瓦斯传感器、BZJA2 - 5/127 矿用隔爆型急停按钮，以及油泵电机、截割电机、第二输送机电机等组成了掘进机电气系统。

2. 结构特征

1）开关箱

防爆型式：矿用隔爆兼本质安全型"Exd［ib］I"，其隔爆壳体是用钢板焊制的两个通过接线端子相互连接的独立腔体。下边为主腔，上边为接线腔。

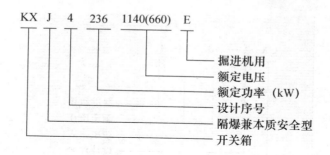

KX J 4 236 1140(660) E

- 掘进机用
- 额定电压
- 额定功率（kW）
- 设计序号
- 隔爆兼本质安全型
- 开关箱

开关箱位于掘进机本体左后方，掘进机的主要电器元件都安装在此开关箱内，开关箱的主腔和接线腔均为隔爆型结构，接线腔和壳体上均设有接地螺栓。

开关箱整体为长方形，箱门和上盖用螺栓和箱体紧固，箱门只有在电源开关处于"停止"位置时才允许打开，大部分电器元件均装在主腔内，主腔内芯子分为壳芯装配和门芯装配两部分。主腔右侧装有负荷开关、保护隔板，壳芯装配有主盘安装板，安装在壳体内，为螺栓固定式结构，主电路的电器元器件基本上都安装在该板上，主盘板占据了主腔大部分空间，其上装有控制变压器、交流真空接触器、电流互感器等元件。

门芯装配为前门装配，前门装配装在左门门体内侧面，设置了稳压电源、控制回路熔断器、辅助继电器、可编程序控制器、掘进机综合保护器等控制元器件，此门可向一侧打开。右门上设置了电源通断指示标牌、煤安标志"MA"和防爆标志"Ex"，左门上有产品铭牌，两扇门均设有"严禁带电开盖"警告牌。右门上设置了电源开关。

显示仪表安装在两门中间仪表盘上，有油泵计时器、截割计时器、电机状态及故障显示观察窗。

接线腔通过接线嘴用电缆与电源、电机及其他元器件相连。接线腔内装有1组三相电源接线端子，5组电机接线端子，8个七芯低压端子和两个接地接线端子。在其左右后3个壁上设置17个接线嘴，右壁上的1个接线嘴可穿入95 mm² 电缆与电源相连；左壁上的2个接线嘴其一可穿入35 mm² 电缆与截割电机低速接线端子及热敏电阻相连，其二可穿入50 mm² 电缆与截割电机高速接线端子及热敏电阻相连；后壁上的14个接线嘴通过电缆分别与操作箱、油泵电机、第二输送机电机、3个照明灯、2个急停按钮、1个甲烷传感器及1个电铃等相连。

接线腔盖与箱体用螺栓紧固，并设有"严禁带电开盖"警告牌。接线腔和主腔内电源线的进线端子均设绝缘保护板和隔板，防止误操作危害人身安全。

开关箱外壳焊有接地螺栓，通过专用接地导线将壳体与机架相连。

2）操作箱

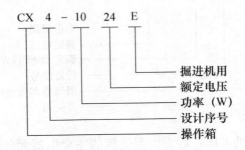

防爆型式：隔爆兼本质安全型"Exd［ib］I"，其隔爆壳体是用钢板焊制的两个通过接线端子相互连接的独立腔体。通过进线嘴用二十芯电缆和电控箱相连，其供电电压 DC 24V，左侧腔体内装有液晶显示屏，右侧腔体门上装有各电机启动、停止、转换开关，紧急、启动、停止按钮，复位按钮等。门上设有防爆标志"Exd［ib］I"、煤安标志"MA"及产品铭牌箱体上侧设有"严禁带电开盖"警告牌。

腔体内设有接地螺栓，接线腔盖用螺栓和箱体紧固。壳体设有外接地螺栓，通过专用接地导线将壳体与机架相连。

3．电气工作原理

1）主回路

主回路主要由负荷开关熔断器组、真空接触器、阻容吸收电路，以及电流互感器组成。

负荷开关作为电源开关，当其闭合时主回路各接触器上端得电。经控制回路闭合真空接触器，油泵电机得电运转。真空接触器控制截割低速或截割高速运转及第二输送机电机运转。电流互感器取各回路电流，转换成电压信号送掘进机综合保护器，通过程序对各电机给予保护，并通过显示窗口显示故障原因。

2）控制电源

控制电源主要提供电控系统各等级工作电压。原理如图 3 - 5 所示。控制电源主要由电源变压器、熔断器、断路器、保险端子、本质安全电源、稳压电源等组成，电源变压器 AC 1140V 和 AC 660V 通用，但必须和系统电压相匹配。

3）控制回路

（1）电路组成。控制回路是以可编程序控制器（PLC）为核心，接受转换开关、急停按钮的信号，通过内部程序控制继电器输出接口，实现各电机启动和停止。同时接受甲烷传感器及综合保护器的信号，通过程序实现整个电气系统的

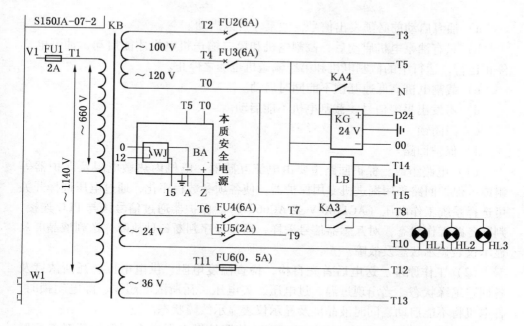

图 3-5 控制电源原理图

保护功能。为了增强系统可靠性，在控制回路中增设了漏检接触器及中间继电器，漏检接触器能有效地将主回路高电压隔离。

（2）工作原理。系统送电后，操作箱液晶屏显示系统自检，开关箱仪表指示灯亮，检查指示灯有无损坏，稍后熄灭，漏检继电器吸合，综合保护器进行各回路检测。自检大约 30 s 完成，包括温度检测、漏电闭锁检测、低压漏电检测和甲烷浓度检测，在自检过程中，机器将不能启动。自检完成后，如系统显示正常则按以下顺序操作。

①信号。油泵启动前应给信号，确认无异常情况，才可启动油泵电机。

②油泵启动、停止。

③报警。油泵电机启动后，截割才允许启动，截割电机启动前必须先发出报警。

④截割电机低速运行。

⑤截割电机高速运行。

⑥第二输送机电机启动、停止。

⑦紧急停止和总急停。

⑧电气联锁。

a）油泵启动前必须发出信号，油泵才可以启动。

b）只有油泵电机启动后，截割电机和第二输送机电机才能启动，油泵电机停止运行，运行中的截割电机和第二输送机也随之停止。

c）截割电机高低速互锁不能同时启动。

d）不发出报警信号，截割电机不能启动。

e）门闭锁。

4）保护回路

（1）电路组成。保护回路主要由电流互感器、电机内热敏电阻及保护器等组成。保护回路采用掘进机专用保护器，使各项参数程序化，通过电压选择开关可选择系统工作电压（AC1140 V 或 AC660 V）。保护器通过信号线与 PLC 连接，判断各路工作状态，对互感器信号采样，通过程序判断各种故障，送到液晶屏及显示仪表显示状态及故障。

（2）工作原理。送电后首先自检，检查温度电阻、供电电压、瓦斯浓度及各回路绝缘状态。当出现过温、过电压、欠电压、瓦斯浓度超限、漏电闭锁时，各电机将不能启动，同时液晶屏及显示仪表显示故障状态。

（3）漏电闭锁。当系统送电后，PLC 使漏检继电器吸合，保护器对各回路漏电检测，当绝缘阻值过低（参考值 1140 V 为 40 kΩ，660 V 为 22 kΩ），电机不能启动，显示某回路漏电。如各回路正常，可以启动电机，电机启动后断开漏检继电器，停止漏电检测。当电机全部停止后，延时 8s 后漏检继电器吸合，检测各回路漏电。

（4）低压漏电保护。当低压线路对地绝缘过低达到规定值时保护动作，显示漏电，并使对应接触器断开（参考值 AC 220V 为 3 kΩ，AC 24V 为 2 kΩ）。

（5）电机温度保护。当油泵电机或截割电机绕组温度达到（155 ± 5）℃时，热敏电阻呈高阻（参考值 1.9 kΩ 常温下小于 500 Ω），保护器送 PLC 信号，PLC 使油泵电机或截割电机停止运转，显示油泵过温或截割过温，待电机冷却后自动复位。

（6）各电机过载保护。当电机出现过载时，保护器采取反时限过载保护。保护器动作后，送 PLC 信号，使电机停止运转，显示电机过载，3 min 自动复位。

（7）各电机三相不平衡及断相保护。当电机出现断相及三相不平衡率达到60% 时，保护器动作，送 PLC 信号，使电机停止运转，显示电机断相，按复位按钮复位。

（8）各电机过流保护。当各回路电流达到额定电流的 8 ~ 10 倍时，保护器

200～400 ms 动作，送 PLC 信号，使电机停止运转，显示过流，按复位按钮复位。

（9）系统过电压、欠电压保护。当系统电压超过额定电压的 15% 时（闪烁），启动时低于额定电压的 75% 或长时间低于额定电压的 85% 时，保护器动作，送 PLC 信号，使电机停止运转。（显示电压异常）

（10）瓦斯闭锁保护。按照煤矿瓦斯监控系统的要求来维护甲烷传感器，通过遥控器调整报警值和断电值。开机前瓦斯浓度超限时，显示瓦斯闭锁，机器无法启动。当机器运转时，瓦斯浓度超限停止运转（出厂为 1% 报警，1.5% 断电）。

（11）短路保护。该电控系统短路保护由负荷开关熔断器组中熔体 FU0 实现。

第四章 掘进机安装与调试

第一节 掘进机安装

掘进机的质量及体积较大，下井前应根据井下实际装运条件，设备的结构、质量和尺寸，将其分解成若干部分，以便运输、起重和安装。

掘进机安装可依据巷道宽和高，将设备分解，一般有 2 种分解方式：

一是，巷道断面足够宽敞条件下，将设备分解为四大部分：截割部、铲板部、第一输送机、其他（本体、履带、后支撑等）。

二是，巷道断面窄小条件下，视设备具体情况将其分解为若干部分，一般情况下，掘进机生产厂家提供参考方案。

以下仅以窄小断面为例，介绍具体的装运顺序及安装方法。

一、分解和运输顺序 （以 EBZ220 型、EBZ150A 型为例）

煤矿掘进机在设计和制造时，已经考虑了向井下运输时的分解情况。

1. EBZ220 型掘进机

EBZ220 型掘进机常按表 4 - 1 的顺序分解并向井下运输。

表 4 - 1　EBZ220 型掘进机分解、运输顺序

分解顺序	运输顺序	组 件 名 称
1	17	各类盖板
2	5	截割升降油缸
3	1	截割部
4	6	铲板升降油缸
5	2	主铲板
6	4	铲板驱动装置
7	3	侧铲板
8	11	第一输送机前溜槽

表4-1（续）

分解顺序	运输顺序	组 件 名 称
9	12	第一输送机后溜槽
10	16	电气开关箱
11	15	泵站
12	14	油箱
13	13	操纵台
14	9	后支撑
15	10	第二输送机连接架
16	8	行走部
17	7	本体部

　　表4-1中的分解顺序与运输顺序不同，运输时按运输顺序依次运入设备，可保证设备正常安装和调试。掘进机整体分解如图4-1所示。

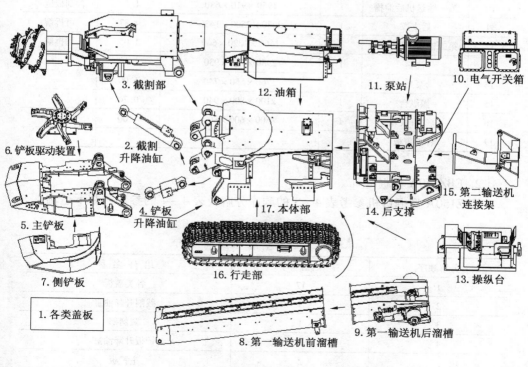

图4-1　掘进机整体分解图

为便于装运，在装运 EBZ220 型掘进机的拆解部分时，还要参考表 4 - 2 的参数。

表 4 - 2 各部分运输参数

序号	名称	数量	外形尺寸/(mm × mm × mm)	质量/t	备注
1	截割部	1	4400 × 1850 × 1400	9.99	可拆解
2	主铲板	1	3200 × 1400 × 930	3.13	
3	侧铲板	2	2100 × 900 × 620	1.09	
4	铲板驱动装置	2	φ1500 × 400	0.62	
5	截割升降油缸	2	φ220 × 1540	0.29	
6	铲板升降油缸	2	φ220 × 960	0.20	
7	本体部	1	3600 × 1800 × 1700	10.50	
8	行走部	2	3960 × 870 × 800	5.67	可拆解
9	第一输送机前溜槽	1	4290 × 780 × 500	1.37	
10	第一输送机后溜槽	1	1950 × 910 × 680	1.79	含刮板链等
11	后支撑	1	2230 × 2500 × 1430	4.87	可拆解
12	第二输送机连接架	1	1660 × 1220 × 660	1.05	可拆解
13	油箱	1	2950 × 740 × 930	1.18	
14	泵站	1	1760 × 550 × 740	1.00	
15	操纵台	1	2100 × 800 × 940	0.70	
16	电气开关箱	1	1800 × 600 × 800	1.00	
17	各类盖板				

2. EBZ150A 型掘进机

EBZ150A 型掘进机参考表 4 - 3 的顺序分解及表 4 - 4 的参数向井下运输。

表 4 - 3 下井分解及运输顺序

分解顺序	运输顺序	组件名称
1	17	各类盖板
2	5	截割升降油缸
3	1	截割部
4	6	铲板升降油缸
5	2	主铲板
6	4	铲板驱动装置

表4-3（续）

分解顺序	运输顺序	组件名称
7	3	侧铲板
8	11	第一输送机前溜槽
9	12	第一输送机后溜槽
10	16	电气开关箱
11	15	泵站
12	14	油箱
13	13	操纵台
14	9	后支承
15	10	第二输送机回转架
16	8	履带部
17	7	本体部

表4-4　各部分运输参数

序号	名称	数量	外形尺寸/(mm × mm × mm)	质量/t	备注
17	各类盖板				
16	电气开关箱	1	1860 × 650 × 730	0.50	
15	操纵台	1	2000 × 800 × 1000	0.70	
14	泵站	1	1710 × 560 × 670	1.25	
13	油箱	1	2200 × 710 × 950	0.94	
12	第二输送机回转架	1	1240 × 790 × 300	0.40	
11	后支承	1	2000 × 2400 × 1050	2.80	
10	第一输送机后溜槽	1	1720 × 1360 × 630	1.21	
9	第一输送机前溜槽	1	3870 × 720 × 600	1.25	
8	履带部	2	3430 × 820 × 730	5.00	
7	本体部	1	3630 × 1680 × 1540	8.00	
6	铲板升降油缸	2	800 × 220 × 330	0.18	
5	截割升降油缸	2	1300 × 220 × 330	0.26	
4	铲板驱动装置	2	ϕ1400 × 500	0.32	
3	侧铲板	2	1700 × 750 × 500	0.61	
2	主铲板	1	2500 × 1500 × 610	2.00	
1	截割部	1	4200 × 1850 × 1400	7.80	

掘进机分解后，要做好外露连接面、各类配管接口、电缆等防尘、防水、防锈蚀保护措施。

掘进机解体装车时，应充分考虑运输安装作业的安全性、方便性，具体应注意以下几个方面。

（1）矿车要进行编号，根据掘进机拆解后安装先后顺序确定矿车次序，先安装的部分先入井，后安装的部分最后入井，即"先安装先下井、后安装后下井"。

（2）要考虑大机件的方向，在运输途中经过几个折返后，到工作面必须符合安装要求。

（3）掘进机装车必须捆绑牢固，严防运输途中组件上窜下滑，严禁组件超出车外。

（4）在装车过程中，吊装作业要小心轻放，避免碰坏组件、管线等。

二、井下安装

将掘进机各组件按照厂家提供的分解、运输顺序，依次将各部件运至组装硐室。按照与分解顺序相反的次序依次进行井下安装（以 EBZ220 型掘进机为例）。其他型号的掘进机安装均参考厂家提供的分解、安装手册或说明书进行。

1. 安装本体部和履带行走部

（1）用专用起吊索具将本体部吊起。

（2）用枕木将本体部垫起保持其稳定，使本体部底面距行走部安装面450 mm 以上。

（3）用专用起吊索具将一侧行走部吊起，与本体部相连接，紧固力矩为1200 N·m。

（4）用枕木等物垫在已装好的履带下面，保持稳定，以防偏倒。

（5）用相同方法安装另一侧的行走部。

（6）两侧行走部连接完后，将本体部吊起，抽出枕木等物。

紧固螺栓，做好螺栓防松动措施。

2. 安装后支撑

（1）起吊后支撑，与本体部后部连接。

（2）连接螺栓的紧固力矩为 882 N·m。

3. 安装铲板部

（1）用专用起吊索具将铲板吊起，与机架相连接。

（2）安装铲板升降油缸。

（3）安装完后，使铲板前端与底板接地，或者铲板前端垫上枕木。

应保证安装后升降灵活，不得有阻碍正常运行现象。

4. 安装第一输送机

（1）将输送机吊起，从后方插入本体部机架内，用销轴铰接铲板和溜槽。

（2）当第一输送机溜槽与铲板和后支撑连接后，装入链条。

（3）将链条的调整螺栓完全松开，同时将输送机用的减速器向前推移。

（4）将链条一端用长的铁丝捆住，由上部向前引入，在前导轮处反向，由链条的返回侧拉出铁丝。

（5）在溜槽后端的链轮处，将链条向上弯曲与链轮牙相啮合后，用连接环把链条连接好。

（6）用调整螺栓将链条调至规定的张紧程度。

5. 安装截割部

（1）用专用起吊索具将截割部吊起，与回转工作台连接。

（2）安装截割部升降油缸。

（3）安装后，使截割头前端与底板相接，或用枕木垫起。

6. 连接配管

由操作台换向阀出来的配管，以及横贯操作台的配管，必须由下侧依次排列整齐。分解、装配时，应把相连接的配管与接头扎上相对应的号码牌，便于装配识别。

其他部件的安装方法直观简单，不再单独讲述。

第二节　掘进机调整

掘进机设备总装完成后，需对掘进机进行全方位的调整、调试，排除存在的问题，使其保持正常的运转状态。下面以 EBZ220 型掘进机和 ABM20S 型掘锚一体机为例介绍对设备的调整。

一、EBZ220 型掘进机调整

（一）第一刮板输送机链条和链环调整

1. 第一刮板输送机链条调整

（1）刮板链的张紧采用油缸张紧方式，并设有卡板锁紧和弹簧缓冲。

（2）将铲板压接底板，使支重轮处于浮动状态。

（3）打开操纵台内控制第一输送机张紧油缸的截止阀。

（4）操纵手柄使张紧油缸动作，使输送机下面的链条中部具有一定的下垂度，驱动轮下方下垂 20 ～ 30 mm，如果此操作不能满足要求，则可以增加适当量的卡板。

保证输送机在各工况下运转正常，无卡阻现象和撞击声，运转灵活，工作平稳。如果链条过紧或者左右张紧装置张紧不均匀，有可能造成驱动轴弯曲、轴承损坏、链条跑偏、液压马达过负荷等现象。

2. 链环调整

如果通过调整链条张紧装置仍不能达到预想效果，则链条应各取掉两个链环，再调至正常的张紧程度。

（二）履带张紧调整

掘进机处于工作状态时，履带要保持一个适当的松紧程度，这对履带链板与驱动轮正确啮合非常重要，也会影响掘进机的整机稳定性。

左右履带张紧调整是由张紧油缸推动张紧轮组来实现的。张紧油缸伸出后在张紧轮托架后插进卡板，张紧油缸泄压靠履带的张力压紧卡板。卡板厚度分为不同规格，可组合使用。履带张紧机构如图 4 - 2 所示。

履带张紧程度要适当。检测时，张紧履带上链，下链要有一定垂度，其垂度值一般为 50 ～ 70 mm。

调整后，机器转向灵活，无脱链、卡链及异常声响。

（三）掘进机液压部分调整

EBZ220 型掘进机液压系统为变量泵、负载敏感反馈控制系统，其能耗小，压力和流量可根据负载进行变化。正常情况下，约 1 个月对液压系统压力进行 1 次检查及调整。

1. 柱塞变量双泵调整

1）功能及设定值

液压系统由 2 个变量泵提供液压动力，一泵具有恒功率、压力切断、负载敏感功能；二泵具有恒压力、负载敏感功能。柱塞变量双泵如图 4 - 3 所示。

一泵的压力通过压力切断阀调整，最高压力为 25 MPa；二泵的压力通过恒压控制阀调整，最高压力为 20 MPa。

2）调整方法

首先取下帽式胶套，将锁紧螺母松开，然后用内六角扳子调整螺丝，使压力升高，当调至设定的压力后，拧紧锁紧螺母，并装好帽式胶套，泵上阀调整如图 4 - 4 所示。

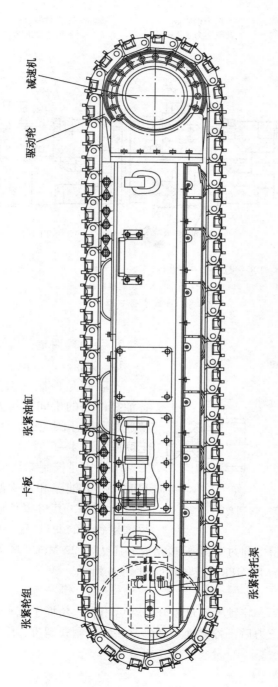

减速机

驱动轮

张紧油缸

卡板

张紧轮托架

张紧轮组

图 4－2 履带张紧机构

压力切断阀
调整压力 25MPa

恒压控制阀
调整压力 20MPa

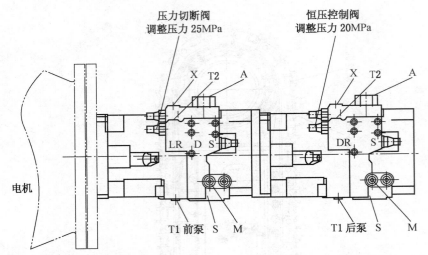

LR—恒功率；DR—恒压；D—压力切断；S—负载敏感；A—工作油口；
T1—放气口；T2—泄漏口；X—控制口；M—测压口

图4-3 柱塞变量双泵

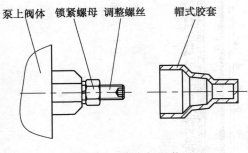

图4-4 泵上阀调整

2. 换向阀调整

1) 功能及设定值

七联阀是控制一泵与行走马达、各油缸油路的中间液压元件。压力调整通过其限压阀完成，压力为27 MPa。七联阀如图4-5所示。

五联阀是控制二泵与第一输送机、星轮、喷雾油路和集中润滑油路的中间液压元件，其可将负载的压力信号反馈给各自的变量泵。

五联阀的压力调整也通过其限压阀完成，压力为 22 MPa。喷雾泵和集中润滑限压阀最高压力均为 10 MPa。五联阀如图4-6所示。

2) 调整方法

首先取下帽式螺母，将锁紧螺母松开，然后用内六角扳子调整螺丝，使压力升高，当调至设定的压力后，拧紧锁紧螺母，并装好帽式螺母。限压阀调整如图4-7所示。

（四）水系统调整

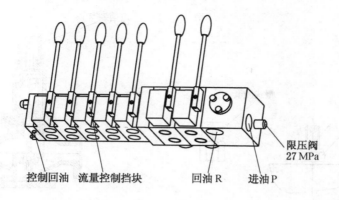

控制回油   流量控制挡块   回油 R   进油 P

限压阀
27 MPa

图 4 - 5 七联阀

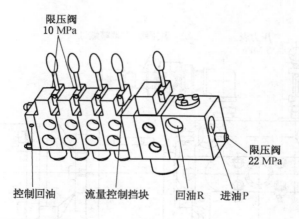

限压阀
10 MPa

限压阀
22 MPa

控制回油   流量控制挡块   回油 R   进油 P

图 4 - 6 五联阀

1. 总进水压力调整

首先松开保护套，然后用扳手调整调节螺钉，顺时针旋转压力升高。当调至设定的压力后，装上保护套。水减压阀调整如图 4 - 8 所示。

2. 内喷雾水泵压力调整

用手旋转调整螺母，顺时针旋转时压力升高，逆时针旋转时压力降低，当调至设定的压力后停止转动螺母。内喷雾水泵压力调整如图 4 - 9 所示。

（五）掘进机整体调试

掘进机安装完毕后，必须对各部件的运行情况进行全方位调试，排除存在的问题，保持正常的运转状态。掘进机调试前，必须先对掘进机进行全面检查，确

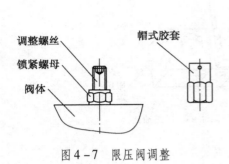

图 4-7　限压阀调整

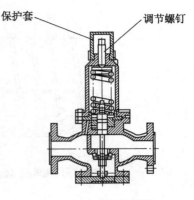

图 4-8　水减压阀调整

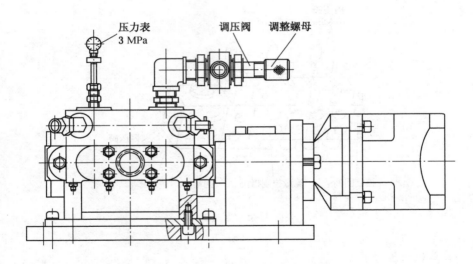

图 4-9　内喷雾水泵压力调整

认安装无误后方可进行调试工作；再按润滑表及润滑图要求，对润滑各部位加足油脂。

1. 调试内容

掘进机调试、调整内容如下：

（1）检查电机电缆连接的正确性。

①从司机位置看，截割头应顺时针方向旋转。

②泵站电机轴转向应符合油泵转向要求。

（2）检查液压系统安装的正确性。

①各液压元部件和管路连接紧固并符合标记所示；管路应铺设整齐，固定可靠。

②对照操纵台的操作指示牌，操作每一个手柄，观察各执行元件动作的正确性，发现有误及时调整。

（3）检查喷雾、冷却系统安装的正确性。

内外喷雾及冷却系统各元部件连接应正确无泄漏，内外喷雾应畅通、正常。冷却电机及油箱的水压达到规定值。

对行走部履带链松紧、中间刮板输送机刮板链松紧及液压系统压力、供水系统压力与要求不符的，做适当调整。

调试完成后，按规定的操作程序启动电动机并操纵液压系统工作，进行空运转。空运转前应注意：

①检查油位。观察油标或用探尺检查各齿轮箱和液压系统油箱的油位是否符合设计要求。

②检查操作手柄及按钮。检查各电气、机械、液压操纵手柄及按钮动作是否灵活可靠，所在位置处于中位或启动前应处于的位置。

③调定液压系统溢流阀。启动油泵，操纵液压系统和各回路操纵阀，使回路中某油缸至极限位置，观察系统和各回路溢流阀开启时的压力值是否符合设计要求，并做好记录。

④调定除尘喷雾系统压力。启动除尘喷雾系统，分别关闭内外喷雾系统的出水管阀门，观察安全阀开启时的压力值，应符合设计要求，做好记录，并测试喷雾效果。

⑤检查掘进机照明灯及报警装置。

上述各种情况符合设计要求后，可进行正常工作。

2. 掘进机调试注意事项

（1）试运转必须设专人指挥。操作必须由掘进机司机进行，其他人员不准随意操作。

（2）掘进机主机安装完毕，由现场负责人进行全面检查，确认安全，通知现场所有人员后，方可送电试机。

（3）送电后，首先检查掘进机仪表、指示灯等是否正常，无异常现象时，方可试运转。

（4）送电前检查各部分油量是否适当，冷却水是否充足、清洁。

（5）开机前先点动电机，检查转向是否正确。

（6）开机前照例要信号报警。

（7）设备运转时，有关人员密切注意各部位声音、温度是否正常。司机不准离开操作台，集中精力，认真操作。

（8）试运转完毕将各手柄、按钮恢复原位，并将紧急停止按钮开关锁紧，切断电源。

二、ABM20S 掘锚一体机安装调试

ABM20S 掘锚一体机分解、安装及调试同其他型号掘进机类似，均需按照生产厂家说明进行。

1. ABM20S 掘锚一体机分解装运

ABM20S 掘锚一体机可参考表 4-5 进行拆分。

表 4-5　ABM20S 掘锚一体机分解明细

零件号	名　　称	尺寸/（mm×mm×mm）	质量/kg
1	装载装置	1270×1390×4200	7000
2	装载机右加长段	790×930×1540	580
3	装载机左加长段	790×930×1540	580
4	截割头传动箱带内滚筒	4200×1800×1150	15900
5	右平台	450×1330×1690	750
6	左平台	450×1330×1690	750
7	左防护板	300×500×700	150
8	右防护板	300×500×700	150
9	右侧外滚筒	900×1200×1200	1600
10	左侧外滚筒	900×1200×1200	1600
11	ABSE-左座板	1550×1500×850	975
12	ABSE-右座板	1550×1500×850	975
13	截割臂	4300×1300×700	4600
14	容器-右边帮锚杆机	容器 3500	700
15	电气设备	4650×1300×1000	3400
16	输送机前部	750×980×4070	2670
17	液压设备	4580×1100×1150	4900
18	容器-左边帮锚杆机	容器 3500	700

表 4-5（续）

零件号	名　称	尺寸/(mm×mm×mm)	质量/kg
19	滑块	1650×1800×2555	4650
20	右侧履带	4980×1300×700	7300
21	左侧履带	4980×1300×700	7300
22	容器-左边帮锚杆机	容器3500	700
23	顶梁带吊架	4020×800×320	2400
24	机架带左支腿	2700×1950×1300	5200
25	右支腿	1250×1250×1000	1725
26	容器-右边帮锚杆机	容器3500	700
27	喷射管	400×600×4100	450
28	左顶板锚杆机控制台	2000×1500×850	975
29	右顶板锚杆机控制台	2000×1500×850	975
30	输送机后部带传动装置	920×1360×4800	2800
31	支架	5430×950×1200	2×1000

2. ABM20S 掘锚一体机安装

（1）将已拆下的履带放在底板上，放置两个履带架。

（2）安装张紧装置和履带轮，连接履带。

（3）将推进液压缸装入主机架。

（4）把导杆预装入滑架内，装入导杆前核实滑架内空间的润滑脂是否注满。将分装部件装入底架内，用螺栓连接推进液压缸。

（5）把滑架吊入主机架，安装前铲板升降液压缸。

（6）把输送机前端装到滑架上，进行滑动。

（7）把截割臂升降液压缸吊进滑架，安装截割臂。

（8）装上 2 个工作平台，并安装在前支架上。

（9）连接输送机后段与输送机前段。

（10）将液压系统（左）和电控箱（右）固定在主机架上。

（11）把集尘槽装到截割臂上。

（12）吊入支撑架。

（13）把支撑液压缸装到支撑架上，然后安装顶板锚杆机。

（14）连接侧帮锚杆机液压系统和电器系统。

（15）安装电、液、润滑和水管道。

（16）注满液压油。

（17）进行液压系统试运转。

（18）把前铲板装在输送机前端上。

（19）预安装截割装置。利用设备自身液压系统，安装截割电机和其他附件。

（20）润滑所有润滑点，并给集中润滑系统添加润滑脂。

（21）进行试运转。

（22）安装盖板和固定件。

3. ABM20S 掘锚一体机调试检查

（1）所有齿轮箱按照推荐加油量加满齿轮油。

（2）检查液压油箱油位，加满液压油箱。

（3）给集中润滑系统加满黄油。

（4）对整台设备进行润滑。

（5）检查机器供水。

（6）检查截割滚筒和截齿的完整性。

（7）检查液压泵的旋转方向及溢流阀和节流单向阀的调整是否正确。

（8）检查机器额定电压最大允许偏差为 5%。

（9）检查截割头旋转方向，截割头旋转方向错误时间不得超过 2 s。

（10）截割头旋转时，供应到截割头齿轮箱的水要正常。

（11）截割头要装合适的截齿。

（12）液压系统要有呼吸器（透气孔）。

第五章　掘进机常见故障及处理方法

第一节　掘进机故障判断

掘进机故障类型主要有三大类：一是液压传动部分故障，二是机械传动部分故障，三是电气控制部分故障。液压传动部分故障多发生在复杂的液压系统，不易发现和查找。

掘进机司机在判断掘进机故障时要学会做"老中医"。常用方法有"望""闻""切""测""合"等。

（1）"望"即看。看液压系统有无渗漏，看主要液压元件、接头密封处、接合面等是否有渗漏现象，看运行日志记录，看各仪表运转时指示读数的变化情况。

（2）"闻"即听。听机器取细微现象、故障征兆，开机听其运转声响，听其他司机介绍发生故障前后的运行状态。

（3）"切"即摸。用手摸疑似发生故障点的外壳，判断温度变化、振动等情况。

（4）"测"即测量。测量各阀组及各种保护装置的主要整定值等是否正常，测量冷却水压力、流量和温度是否正常，检查液压系统中高低压实际变化情况及油质污染情况。

（5）"合"即综合。综合分析故障原因和故障点，提出可行的处理方案，排除故障。

EBZ220 型掘进机常见故障见表 5 – 1。

掘进机常见故障判断应遵循先整体后局部、先外部后内部、先电气后机械再液压、先部件后元件的原则。

1. 先划清部位

首先判断是哪类故障，对应于掘进机的哪个部位，弄清故障部位与其他部位之间的关系。

表 5-1 EBZ220 型掘进机常见故障

序号	部位	项 目	结果（合格划√，不合格划×）
1	截割部	各部件螺栓齐全、紧固 各部件接头紧固、无漏液 截齿齐全、锋利、安装牢固 操作手把、按钮灵敏可靠 冷却水、喷雾流量符合要求	
2	行走部	履带张紧符合要求 操作手把灵敏、可靠	
3	装载部	铲板耙爪固定螺栓齐全、紧固 连接销子符合要求 液压马达无异响	
4	第一输送机	连接部分紧固、正常 前后链轮、刮板状况符合要求 液压马达无异响	
5	电气部分	报警、急停开关正常 操作箱按钮灵敏、可靠 照明灯正常 显示装置正常	
6	液压部分	换向阀操作手把灵敏、可靠 液压系统管路无漏液 液压管路、操作阀连接正常 油箱、减速箱油位正常	

2. 从部件到元件

确定部件后，再根据故障现象查找具体元件故障点。

在井下工作面处理掘进机故障是一个十分复杂的工作，既要及时准确地处理好故障，又要时刻注意安全。

（1）排除故障时，必须先检查处理好顶板、煤帮的支护状态；将掘进机停至安全位置，落下铲板、后支撑；断开隔离开关和上一级电源开关并上锁、挂牌；将设备周围清理干净，设备上方挂好篷布，防止碎石掉入油池中或冒顶片帮伤人。

（2）处理完毕后，一定要清理现场，清点工具，检查设备中有无异物，然后盖上盖板，注入新油并排气后再进行试运转。试运转合格后，检修人员方可离开现场。

第二节　掘进机常见机械故障及处理

一、截割头不转动

1. 截割电动机过负荷

截割负荷在额定值 200% 以上且持续时间超过 10 s，截割电动机会自动停止运转。当负荷降低后，截割电动机能自动复位。

2. 截割电动机温度过高

当截割电动机温度过高时，继电器就动作，使截割电动机停止运转。当截割电动机温度超过 170 ℃时，定子绕组的热敏元件通过转换发出指令讯号，截割电动机停止运转。温度下降约 3 min 后，电动机能自动恢复正常。

3. 截割头或伸缩部内部故障损坏

主要有截割头轴承损坏或伸缩部轴承损坏、截割臂内花键套外窜或损坏都不能正常传递转动扭矩，因而导致截割头不动作。处理方法是更换损坏的零件，但在井下环境条件下，最好的方法是更换整个截割头伸缩部。花键套外窜是花键套定位销脱落，导致花键套从花键轴上滑落。处理方法是拆开截割头伸缩部，将花键套重新复位，上牢定位销。

4. 减速器内部轴承或齿轮损坏

出现这类故障时，截割头减速器内部有异常杂音。处理方法是打开减速器，检查内部，更换损坏的齿轮或轴承。但在井下环境条件下，最简单的方法是更换截割头减速器。

5. 截割电动机损坏

用欧姆表检测电动机绝缘电阻，如果电阻小于 0.2 MΩ，或者启动截割电动机时馈电开关保护动作，可以判定截割电动机损坏，处理方法是更换截割电动机。

二、截割电动机转动，滚筒不转

1. 电动机与减速器连接轴对轮严重磨损

电动机到减速器之间的连接件，如花键套或花键轴磨损严重，便产生打滑现象而不能传递扭矩。处理方法是拆卸截割头减速器，更换磨损件。

2. 内伸缩花键套严重磨损

截割头减速器的输出扭矩，通过内花键套传递到转动主轴，带动截割头转动。由于种种原因，使内花键套磨损严重而不能传递扭矩，从而导致截割头不能转动。处理方法是拆卸截割头伸缩部，更换内伸缩花键套。

3. 截割滚筒内花键严重磨损

截割滚筒与输出主轴通过内花键连接，输出主轴是花键轴，滚筒是花键套，如果出现磨损严重现象，便导致截割滚筒不转。只要输出主轴转动而滚筒不转动，就可判定。处理方法是拆卸滚筒，检查是花键轴磨损严重还是花键套磨损严重。如果花键套损坏，更换滚筒；如果输出主轴损坏，更换截割头伸缩部。

三、伸缩筒不动作

1. 伸缩液压缸故障

故障原因有伸缩液压缸活塞杆弯曲、伸缩液压缸活塞窜液，出现这类故障时，更换伸缩油缸。

2. 截割头主轴弯曲或花键扭曲

拆卸截割头伸缩部，检查截割头主轴、花键轴，发现弯曲或扭曲现象，更换截割头伸缩部。

四、截割振动过大

主要原因：截割岩石抗压强度大于 75 MPa，截齿磨损严重、缺齿，悬臂油缸铰轴处磨损严重，回转台紧固螺栓松动。针对以上原因可采取减小钻进速度或截深；更换、补齐截齿；更换铰轴套；紧固螺栓；铲板落底，使用后支撑等方法。

五、耙爪转动慢或者不转

1. 液压系统压力低

造成液压系统压力低的原因：一是由于液压泵效率降低，造成液压系统压力低；二是由于单联阀损坏或者溢流阀调整压力过低。对于第一种原因可更换液压泵。对于第二种原因，可通过压力检测手段确定。如果溢流阀调整过低，可调整溢流阀；如果单联阀故障，可更换单联阀。

2. 液压马达泄漏大或内部损坏

液压马达泄漏大会造成马达功率降低，输出扭矩及功率较小，而造成耙爪转动慢。如果液压马达内部损坏，会造成马达直接不转或者转动慢。处理方法是更换新的马达。

六、刮板输送机运转速度低或动作不良

1. 液压系统压力低

造成液压系统压力低的原因是液压泵效率降低，或者是溢流阀调整压力小，或者是单联换向阀泄漏大、损坏。处理方法是根据故障原因，更换液压泵或单联换向阀；调大溢流阀压力。

2. 液压马达泄漏大或内部损坏

液压马达泄漏大会导致马达功率明显降低，表现为马达有异常声响，马达输出轴密封频繁损坏。液压马达内部损坏也会造成马达功率降低，转速慢或者不转。处理方法是更换新马达。

3. 刮板输送机过负荷

输送机过负荷会导致速度降低或不动作。处理方法是减轻负荷，必要时人工撮出溜槽内的煤、矸。

4. 刮板链过紧或过长

链条过紧会造成马达负荷过大，导致刮板输送机速度降低；刮板链过长卡在溜槽内，造成刮板输送机运转受阻不动作。处理方法是调整链条，使链条松紧度适宜。

5. 链轮处或溜槽内卡有岩石或浮煤

这种情况也会导致运输及负荷加大，降低刮板输送机运转速度。处理方法是清除卡住的岩石或浮煤，保持链轮处及溜槽内畅通。

七、履带机构不行走或行走不良

1. 液压系统压力低

液压系统压力低的原因：一是液压泵效率降低或损坏；二是双联换向阀泄漏大或溢流阀调整值小。如果是液压泵效率降低，可更换液压泵；如果是双联换向阀的原因，首先调大溢流阀的压力值，如果再不动作，可更换双联换向阀。

2. 履带马达故障

履带马达故障的原因：一是先导管堵塞或漏液，打不开马达内部的制动闸，导致履带不动作；二是马达泄漏大或者马达内部故障，导致马达不运转，或者虽然马达运转但不足以带动履带运转。处理方法：由于先导管原因造成履带不转动，应拆卸并检查先导管，或更换新的先导管；由于马达泄漏大或者马达内部故

障造成履带不运转，可更换履带液压马达。

3. 液压马达过载，安全阀调整压力低

这种现象会造成履带不行走。处理方法是重新调整过载安全阀，调整值为20.6 MPa。

判断方法是拆卸履带马达，判断马达的运转性能，如果马达完好无损，说明履带减速器内部故障；或者如果发现马达运转后，减速器内部有明显杂音，且声音较大不均匀，可以断定是履带减速器内部故障。处理方法是更换履带减速器；如果减速器一轴损坏，最简单的方法是更换减速器一轴。

4. 履带板内或支重轮中充满砂石并坚硬化

这种现象将导致履带负荷加大，使履带运转不正常。处理方法是清除履带板内或支重轮中的砂石，使履带链运转自如。

5. 履带链过紧

这种现象同样会使履带负荷加大，运转不正常。处理方法是调整履带链子的张紧度，使履带链张紧度适宜。

八、履带链松、脱轮、断链

1. 履带链松易造成履带断链、脱轮，使掘进机不能正常行走

履带链松，可调节履带链的张紧度，使其达到适宜的松紧度。但如果找不出履带链松的主要原因，势必造成恶性循环，影响掘进机的正常使用。

2. 张紧用的溢流阀泄漏大或者损坏

溢流阀的作用是使履带张紧液压缸始终处于伸出状态，保持履带适宜的张紧程度。由于溢流阀泄漏大或者损坏，不能使其始终保持伸出状态，致使履带链松弛。处理方法是更换新的溢流阀。

3. 张紧液压缸密封损坏或者张紧液压缸管路漏液

张紧液压缸为单作用液压缸，由于密封或管路漏液，伸出的液压缸在外力作用下被迫回缩，导致履带链松弛。处理方法是更换油缸或者更换供油管。

4. 张紧弹簧断裂

张紧弹簧不仅使履带具有较强的柔韧性，对履带行走起到较大的缓冲作用，而且对履带张紧也起到辅助作用。张紧弹簧断裂会使履带松弛，缓冲作用消失，导致履带不能正常工作。处理方法是更换张紧弹簧。

5. 履带张紧联阀泄漏大或损坏

履带张紧液压缸依靠张紧联阀供油，如果张紧联阀泄漏大或者损坏，便不能正常向张紧液压缸供油，使松弛的履带得不到有效张紧。处理方法是调换张紧联

阀，或者更换整个阀组。

第三节 掘进机液压系统、水系统故障及处理

一、液压油温度过高

当液压油温度超过 70 ℃时，掘进机的工作性能会降低，甚至会导致液压系统发生故障。造成液压油温度超限的原因及处理方法如下。

1. 油箱油量不足

油箱油量不足，会导致液压油循环加快，从而导致油温迅速上升。处理方法是把液压油加至规定油位（最低标准是达到油位计上的最下道红线）。

2. 液压油质量不良

如果液压油内混入水分、固体颗粒等杂质，使液压油的物理性能、化学性能明显降低，抗磨性能降低，适应性变差，在液压油循环过程中温度会很快升高。处理方法是更换油箱内的液压油。

3. 油冷却器水量不足或内部堵塞

液压油依靠冷却水进行降温，如果冷却水水量不足或冷却器内部堵塞，都不能实现正常降温。处理方法是：如果因水量不足所致，可调大水量，开机作业时必须开冷却水；如果因冷却器内部堵塞所致，可拆卸清理冷却器，或更换新的冷却器。

4. 各溢流阀调整值过高

调整值过高，使掘进机各液压工作元件克服的负荷较大，功率增加，因而液压油的温升较快。处理方法是调整各溢流阀压力至适当值。

5. 马达质量问题

马达质量会对液压系统造成重大影响。劣质马达不仅使液压油循环加快，功率降低，而且容易导致液压油温度升高，使液压系统运转不正常。处理方法是更换质量优良的马达。

二、液压泵运转异常

液压泵运转异常主要表现为有异常声响，发热。

1. 油箱油量不足

油量不足将导致液压泵吸空现象。吸空后，液压系统中混入一定量的空气，造成液压马达功率降低，表现为液压泵发出刺耳的鸣叫声，温度迅速升高。处理

方法是把油箱的油量加足。

2. 吸油过滤器堵塞

吸油过滤器堵塞，同样会造成液压泵吸空，致使液压泵、马达发出异常响声，温度升高。判断方法是使液压泵电动机反转后，异常声音迅速消失，就可断定油箱内吸油过滤器堵塞。处理方法是打开油箱，清洗过滤器。

3. 液压泵吸油侧密封不好

液压泵吸油侧密封不好，同样会使液压系统混入空气，导致液压泵、马达声音异常，温度升高。处理方法是对液压泵吸油侧进行密封紧固，杜绝进气。

4. 安全阀调整值过高

安全阀调整值过高，液压泵输出压力也相应升高，提高了液压泵输出功率，负荷加大，因而产生声音异常和温度升高现象。同时，对整个液压系统也会带来不利影响，增加液压系统故障率。处理方法是调整溢流阀整定值，使其压力值适宜。

5. 液压泵内部损坏

液压泵内部损坏，会导致液压泵输出压力降低，功率减小，进而导致整个液压系统运转不正常或不动作，掘进机处于瘫痪或半瘫痪状态。从液压泵的外观表现形式来看，运转时声音异常，温度明显上升。处理方法是更换损坏的液压泵。

三、截割头无外喷雾或者压力低

1. 喷嘴堵塞

从外观表现形式来看，各喷嘴的雾化效果差异较大，有的甚至不喷水。处理方法是卸下喷嘴，进行清理或者更换喷嘴。

2. 供水入口过滤器堵塞

从外观表现形式来看，整个喷雾系统雾化效果差，供水量明显不足。处理方法是拆开供水过滤器，对滤芯或过滤网进行清理。

3. 供水量不足

无论是清理过滤器还是清理、更换喷嘴，均不能有效地解决问题，即可断定喷雾系统供水量不足。处理方法是调整供水量，满足喷雾系统的需要。

四、内喷雾喷不出水或不成雾

除了外喷雾的原因以外，还有以下原因。

1. 喷雾泵内部损坏

喷雾泵内部损坏，会导致内喷雾不出水或虽出水但不呈雾状。处理方法是拆卸检查喷雾泵，排除存在的故障或更换新泵。

2. 喷雾泵密封损坏

喷雾泵密封损坏，将导致泵的出水压力降低，喷雾雾化效果差，不呈雾状。处理方法是拆卸、检查喷雾泵，更换损坏的密封，或更换新泵。

3. 溢流阀动作不良

溢流阀动作不良会导致泵的出水压力时大时小，影响内喷雾的正常使用。处理方法是检查内部，调整溢流阀，使溢流阀动作良好，确保出水压力均匀。

第四节　掘进机电动机故障及处理

一、液压系统电动机运转不正常

1. 液压系统电动机不转动

造成液压系统电动机不转动的原因很多，在判断故障原因之前，首先要保证各急停开关处于闭合状态，然后根据不同原因采取相应的处理办法。

1）电动机内部损坏

用欧姆表检测电动机绝缘，其绝缘值小于 $0.2 MΩ$。若启动液压系统电动机，变压器馈电开关保护动作，变压器馈电开关显示接地，即可断定电动机内部损坏。若启动液压系统电动机，供电线路上的馈电开关保护动作，也可断定电动机内部损坏。处理方法是更换电动机。

2）过热继电器或者电动机保护动作

掘进机正常工作时，其过热继电器或其他保护稳定可靠，如果频繁动作将导致掘进机不能正常工作。由此，对于因这类故障造成的液压系统电动机不动作，可适当调大过热继电器的整定值，使其稳定可靠。如果电动机其他保护动作，可等待复位即可。

3）熔断器熔断

熔断器熔断将导致电气控制回路无电，因而不能实现液压系统电动机及其他电气元件控制，各显示器或其中一组显示器无信号指示，其主要原因是熔断器熔断。处理方法是打开电磁开关箱，更换合适的熔断器。

4）电缆损坏

用欧姆表监测电缆的对地绝缘电阻，其值小于 $0.2 MΩ$ 时，即可断定电缆损坏。具体表现形式为启动液压系统电动机时变压器上的馈电开关保护动作，并有接地显示。处理方法是更换合格的电缆。

5）电缆脱接

由于井下作业环境的影响，在外力作用下，电缆出现脱接现象，导致液压电动机不运转。处理方法是检查脱节部位，重新紧固电缆接线。

6）接触器或辅助继电器故障或损坏

打开电控箱，首先检查辅助继电器有无脱落或接触不良现象，排除这方面的故障后，逐级检查，找出故障源或损坏的接触器，然后排除故障，恢复正常状态。如果电动机仍不动作，直接更换辅助继电器或接触器，直至电动机正常运转为止。

2. 液压系统出现异常音响或异常温升

（1）电动机轴承油脂不足，处理方法是补加润滑脂。

（2）电动机轴承磨损严重，处理方法是更换轴承或更换电动机。

（3）风扇变形或风扇叶折断，处理方法是更换风扇。

（4）过热继电器设定值偏高。过热继电器设定值偏高会导致电动机在高温下运转，过热继电器起不到保护电动机的作用，长期运转将导致电动机故障。处理方法是调整过热继电器的设定值，使其断电温度适宜。

（5）溢流阀设定值偏高。溢流阀设定值偏高可导致液压系统电动机输出功率加大，电动机发热量增加，温度升高，导致电动机故障。处理方法是适当调小溢流阀整定值，使其压力值适宜。

二、截割部电动机运转不正常、不闭锁

截割部电动机运转不正常的原因，有些与液压系统电动机运转不正常的原因基本相同，处理方法也一样，不再重复，以下为与其不同之处。

1. 截割部电动机保护跳闸

在截割部电动机内部有热敏电阻保护，当电动机温度过高时，热敏电阻传递电流信号，导致电动机保护跳闸，起到保护电动机的作用。但是，如果频繁跳闸就会影响正常使用，应当作为故障进行排查处理。首先检查热敏电阻，如果热敏电阻出现故障，更换之；否则，确认热敏电阻输入线是否断线，如果是，应更换热敏电阻输入线。

2. 接触器、辅助继电器等损坏

打开电控箱，首先确认辅助继电器、各连接线头有无松动或脱落现象。排除此类故障后，逐级检查辅助继电器的动作情况，如果出现辅助继电器不动作，说明辅助继电器已经损坏，应更换辅助继电器。如果辅助继电器正常动作，则检查接触器的动作情况。如果接触器有动作声音，说明接触器线圈正常，应检查各触点接触情况，检查触点接触是否良好。依次排除故障源。如果接触器无动作声音，说明接触器控制回路不通或接触器损坏，检查其原因，逐一排除。如果接触器损坏，更换接触器。

3. 外部电缆、内部配线有断线情况

检查与操纵箱相连的电缆，各接线端子有无断线。找出断线源，恢复断线连接。

输送机电动机运转不正常、不联动。

第六章　掘进机检修及维护

第一节　掘进机完好标准及检修规范

一、掘进机完好标准

整台掘进机调试完毕，虽已正常运转，但仍必须达到一定的完好标准，才能保证掘进机持久稳定地运转。掘进机的完好标准如下。

（1）操作手柄动作灵活，位置准确，符合人们的一般使用习惯。

（2）警铃、紧停开关工作可靠。

（3）液压油缸活塞杆镀层无脱落，局部轻微锈斑面积不大于 50 mm^2 ，划痕深度不大于 0.5 mm，划痕长度不大于 50 mm，单件上划痕不多于 3 处。

（4）注油嘴齐全，油路畅通。

（5）照明灯齐全明亮，符合安全要求。

（6）截割头无裂纹、开焊，截齿完整，短缺数不超过总数的5% 。

（7）左右回转摆动均应灵活，无挤压电缆、油管现象。

（8）履带板无裂纹，不碰其他机件，松紧适宜，松弛度为 30 ~ 50 mm。

（9）前进、后退、左右拐弯动作灵活可靠。

（10）耙爪转动灵活，伸出时能超出铲煤板。

（11）刮板齐全，弯曲不超过 15 mm。

（12）链条松紧适宜，链轮磨损不超过原齿厚的25% ，运转时不跳牙。

（13）胶管及接头不漏油。

（14）油泵、马达运转无异响，压力正常。

（15）压力表齐全，指示正确。

（16）掘进机应有开、闭电气控制回路的专用工具，由专职司机掌握和保管。

（17）在掘进机非司机侧，停止掘进机运转的紧急停止按钮应可靠。

二、掘进机检修规范

（1）检修人员必须经过专门培训并经考试合格，持证上岗。

（2）检修人员备齐维修工具、备件及用于清洁液压元件的干净抹布。

（3）进入工作面后，首先观察周围环境有无杂物，瓦斯、通风情况是否正常，确保在安全的情况下进行检修。

（4）检修前，将掘进机退出，在煤壁、顶板及顶部支护牢固的地方必须将掘进机截割头落地，严禁其他人在截割臂和转载桥下方停留和工作；同时，断开掘进机上的电源开关和磁力启动器的隔离开关，并挂上"有人工作，禁止合闸"的警告牌。

（5）按照"掘进机整机润滑图及润滑表"的要求，对需要润滑的部位加注相应牌号的润滑油。油箱油位低于油位计1/3时，须及时补加液压油；减速箱油位低于油位计1/2时，须补加相应的润滑油。油液如严重污染或变质，应及时更换。

（6）检查各液压系统的工作压力是否正常，并及时调整。

（7）检查各操作阀的运转情况，各换向阀及接头、油管是否有漏油现象。断开任何液压油管以前，应先释放压力。

（8）每10个工作日必须清洗或更换吸油、回油过滤器滤芯，同时做好清洁防护措施，避免液压油遭受污染。

（9）检查油泵、油马达、电动机等有无异常噪声、温升和泄漏等，并及时排除。检查警铃、急停按钮是否正常工作。

（10）检查刮板链、刮板、固定螺栓磨损情况，检查刮板链松紧程度是否合适，转动是否合适，如不合适，对刮板链张紧度进行调整。

（11）检查履带张紧程度是否正常，否则对履带链条进行调整。

（12）检查耙爪转动是否正常，如有异常应及时排除。

（13）检查截齿是否短缺、磨损超限，并及时补足、更换。

（14）检查喷雾喷嘴是否完好畅通，否则应清洗或更换。

（15）检查掘进机的供水系统是否符合要求，以防止压力过大而冲坏冷却器，保证掘进机冷却水正常工作。

（16）检查悬臂段及各减速箱有无异常振动、噪声和温升等现象，并及时排除故障。

（17）检查截割电机与油泵电机接线腔、电控箱各接线及触头情况。不得短接漏电保护器和过载保护器或拆掉检漏保护专线。

（18）检修电气部分时确保电气系统防爆性能，杜绝失爆。

（19）检查电器外围部分，电缆跟机悬挂情况并做相应处理。将掘进机上的杂物、煤碴清理干净，将电器、工具排放整齐。

（20）检修完毕后，各部件应无缺件、无错装，紧固件应齐全牢固。试机前对掘进机进行一次全面检查，确保安全后，方可送电试机。

（21）试机时，除掘进机司机以外其他人员全部撤至转载机处。开动掘进机前，必须先发出警报，按操作顺序进行空载试运转，开动油泵对各升降、回转部位进行试验，检查其是否灵活，检查油泵有无异常声音，检查各旋钮是否灵敏、可靠。试运转正常后，方可按作业规程掘进。

为使掘进机在完好状态下运转，对掘进机的维护保养实行包机制。"包机制"是对所包设备实行"三定、四包"。三定是定设备、定人员、定任务；四包是包使用、包管理、包维修、包排除故障。在包机组内要把大范围再划成小范围，把大指标再划成小指标，根据分工将责任落实到每个包机成员，并在相应的设备和主要部件上留名挂牌。

第二节　掘进机检修

一、一般规定

掘进机检修应遵循相关规定，主要内容有：

（1）掘进机各零部件检修后应满足原设计及工艺要求，装配应按照工艺规程进行。

（2）对整机进行解体清洗干净，对零部件进行技术鉴定，根据各零部件损坏情况确定修复的具体方案。修复后的零部件应符合原设计规定强度、刚度等功能要求，否则应予以更换。

（3）更换的外购件、标准件需要相应的合格证。

（4）装配过程中，不得划伤、碰坏零件的接合面、配合面。

（5）重要合箱面、法兰、胀套、回转支承等处的连接螺栓应按对角线顺序逐级紧固，紧固的力矩应符合设计要求。

（6）掘进机组装完毕后应进行整机检验，其技术指标应符合相应标准的规定。

1. 结构完整性检修

（1）检修后的掘进机，应保持原机各部件、各系统结构的完整性。

（2）整机及各部件中，实现掘进机各功能的执行件、控制元件、传动连接件、紧固件、油管、电缆、卡子，以及原机其他应有零部件均应齐全。

（3）损坏的零件应更换。磨损、变形的零件，在不影响安装尺寸、强度、刚度等要求的情况下可修复，否则应更换。滚动轴承内外圈有裂纹、点蚀、锈蚀，保持架有损坏时应更换。密封件损坏应更换。

2. 安全保护性能

（1）电控部分检修质量应符合《煤矿安全规程》、国家标准，以及电控设备各自产品标准等要求。

（2）所有更换的电器元件应具有产品合格证，电控设备应具有防爆合格证及煤矿安全标志。

（3）照明灯应工作可靠，安装牢固。

（4）防爆标志，应用红漆描好。

（5）行走机构制动系统及防滑装置应动作灵敏、可靠。

（6）各机械、电气、液压保护装置及系统间闭锁、联锁装置应动作灵敏、可靠。

（7）液压、喷雾系统中过滤器应更换。

3. 使用性能

（1）切割机械应转动灵活，摆动自如，摆动范围符合原机要求，其公差不大于 ±50 mm。

（2）装载机构应运转正常，耙爪转速应符合原机要求。

（3）中间输送机应运转平稳、无卡链、无跳链现象，张紧装置应调整灵活、可靠。

（4）行走机构前进、后退、转弯应运转正常，行走及调动速度应符合原机要求。

（5）各传动箱润滑油、油箱中液压油，应按规定牌号更换新油。

（6）液压、喷雾系统压力调整正确，流量满足使用要求，喷嘴无堵塞现象。

（7）各操作手柄、按钮、旋钮应动作灵活、可靠。

（8）各传动齿轮箱、液压系统、喷雾系统无渗漏现象。

4. 装配质量

（1）切割机构检修后，盘动切割头，应能转动灵活、平稳。

（2）切割悬臂滑道配合间隙应符合设计要求，且润滑良好、运动灵活、无卡死、无振动及爬行现象。

（3）截齿与齿座配合松紧适度，有互换性，拆装方便。

（4）履带张紧适度，安装正确，下链的悬垂度应为 50～70 mm，履带链与链轮啮合准确，行走平稳，无爬行及卡链现象。

（5）耙爪应安装正确，耙爪臂下平面与铲板表面应有2.0～5.5 mm间隙。

（6）重要部件的连接螺栓，其材质、强度、防松装置、紧固力矩应符合原机要求。

（7）在设有黄油嘴的部位，应更换新油嘴，并注入适量黄油。

装配后掘进机整机性能测试项目、内容及要求见表6-1。

表6-1 装配后掘进机整机性能测试项目、内容及要求

序号	测试项目	内 容	要 求
1	掘进机调整质量： （1）耙爪臂与铲板间隙	调整耙爪下平面与铲板表面的间隙	间隙应为2.0～5.5 mm，且不允许有局部摩擦
	（2）行走履带及中间刮板链	调整张紧装置，测量下链的悬垂度	悬垂度应为50～70 mm，且链轮正确啮合、运转平稳
	（3）液压及喷雾系统压力调整	调整系统溢流阀至额定压力值	调整压力，变化灵敏，调整后压力稳定
	（4）切割机构及铲板下降速度调整	调整单向节流阀或平衡阀	使其下降速度适中、平稳、无振动冲击现象
	（5）装运部过载摩擦，联轴器调整	用硬木卡住耙爪，开动耙爪，调整摩擦片压紧弹簧	按原机过载系数要求值调整
	（6）切割臂与铲板防碰系统调整	若为液压过载装置，则调整溢流阀压力值。若为随动系统，则调整碰点方位尺寸	符合原机性能要求
2	切割机构空载试验： （1）空运转试验	开动切割机构电动机，将悬臂置于中间水平、中间上下极限位置，各运转不少于30 min；如可变速，各挡均按此方法试验	电动机、齿轮箱等运转平稳，无异常声响及过热现象
	（2）悬臂摆动时间试验	将悬臂置于水平位置，从一侧极端到另一侧极端摆动（全行程）3次	测量全行程所用时间，计算平均值，应符合原机要求，误差±1 s
3	装运机构空载试验： （1）空运转试验	将铲板置于正中位置、左极限位置、右极限位置；以上3种情况又分上中下3个位置；在9个位置上，每次正向运转5 min，正向运转共45 min；在正中位置上每次反向运转5 min，反向运转共15 min	在各工况运转正常，无卡阻现象及撞击声

表6-1（续）

序号	测试项目	内　　容	要　　求
3	（2）铲板灵活性试验	铲板无左右摆动功能时，只做上中下3个位置试验；在空运转试验中，铲板做上下左右摆动各5次	摆动灵活、无卡阻现象及撞击声
4	行走机构空载试验：（1）行驶试验	在硬地面上前进、后退各行驶25 m，并记录时间	行走速度符合原机要求，跑偏量不大于5%
	（2）转向试验	原地转向90°，右左各3次	转向灵活、无脱链及异常声响
5	液压系统空载试验：（1）空运转试验	各换向阀手柄在中位，液压系统空转30 min，操纵各手柄，每项动作不少于10次。总运转时间60 min	运转正常，无过热现象
	（2）耐压试验	当系统额定压力小于或等于16 MPa时，试验压力为额定压力的1.5倍；当系统额定压力大于16 MPa时，试验压力为额定压力的1.25倍，保压均为3 min	不得有渗漏及损坏现象
	（3）密封性能试验	（1）将悬臂置于水平位置，铲板居正中的上极限位置，分别测量悬臂和铲板油缸活塞杆收缩或伸长量	在同一温度下，经12 h油缸活塞杆收缩或伸长量不大于5 mm
		（2）将起重油缸行程全部伸出，顶起机器，分别测量其收缩量	
6	喷雾系统试验：（1）耐压试验	将喷雾系统压力调至额定压力的1.5倍，保压3 min	不得有渗漏及损坏现象
	（2）喷雾效果试验	在额定压力下，开动喷雾系统，旋转切割头，观察喷雾效果	喷嘴无堵塞，喷雾均匀
7	整机密封性能检查	运转中检查各齿轮箱轴端密封盖、出轴密封、箱体结合面等，检查放油堵、放水堵等；检查液压系统、除尘喷雾系统各元件及管路	不得有渗漏和松动现象

二、掘进机定期检查

掘进机定期检查是掘进机日常维护工作的主要内容，包括班检、日检、周（旬）检、月检，即"四检"制的强制检查、检修。通过"四检"制及时发现故障，保证掘进机始终处于完好状态，安全运行。

1. 班检

1）截割部

（1）检查各部件螺栓是否齐全、紧固。

（2）检查各部分接头是否紧固，有无漏液现象。

（3）检查截割头截齿是否齐全、锋利、安装牢固。

（4）检查操作手把、按钮是否灵敏、可靠。

（5）检查冷却水、喷雾流量是否符合要求。

2）行走部

（1）检查履带张紧情况。

（2）检查操作手把是否灵敏、可靠。

3）装载部

（1）检查铲板耙爪固定螺栓紧固情况。

（2）检查连接销子情况。

（3）检查液压马达有无异响。

4）第一输送机

（1）检查连接部分紧固情况。

（2）检查前后链轮、刮板工作情况。

（3）检查液压马达有无异响。

5）电气部分

（1）检查报警、急停开关是否灵敏、可靠。

（2）检查操作箱按钮是否灵敏、可靠。

（3）检查照明灯是否正常。

（4）检查显示装置是否正常。

6）液压部分

（1）检查各换向阀操作手把是否灵敏、可靠。

（2）检查液压系统管路是否有漏油现象。

（3）检查液压管路、操作阀等元件连接情况。

（4）检查油箱、减速箱的油位是否正常。

掘进机班检内容见表 6－2。

2. 日检

1）截割部

（1）检查截齿、齿座，更换或补加截齿、挡圈。

表6-2 掘进机班检内容

序号	部位	项　目	结果（合格划√，不合格划×）
1	截割部	各部件螺栓是否齐全、紧固	
		各部接头是否紧固，有无漏液现象	
		截割头截齿是否齐全、锋利、安装牢固	
		操作手把、按钮是否灵敏、可靠	
		冷却水、喷雾流量是否符合要求	
2	行走部	履带张紧情况	
		操作手把是否灵敏、可靠	
3	装载部	铲板耙爪固定螺栓紧固情况	
		连接销子情况	
		液压马达有无异响	
4	第一输送机	连接部分紧固情况	
		前后链轮情况	
		刮板工作情况	
		液压马达有无异响	
5	电气部分	报警装置是否灵敏、可靠	
		急停开关是否灵敏、可靠	
		操作箱按钮是否灵敏、可靠	
		照明灯是否正常	
		显示装置是否正常	
6	液压部分	各换向阀操作手把是否灵敏、可靠	
		液压系统管路是否有漏油现象	
		液压管路、操作阀等元件的连接情况	
		油箱油位是否正常	
		减速箱油位是否正常	

（2）检查减速箱油位、油质，运转时有无过热、异响，有无泄漏。

（3）检查喷嘴、喷雾情况。

（4）检查电机、切割头运转有无异响，温度是否正常。

（5）检查伸缩滚筒有无伤痕，润滑是否良好。

（6）检查滚筒是否松动。

2）行走部

（1）检查运转是否正常，有无异响，是否有碰挤油管、电缆、护板等现象。

（2）检查履带护板是否变形。

（3）检查履带板、履带链环有无开裂变形。

（4）检查履带板销轴有无窜出。

（5）检查履带板螺栓有无松动、脱落。

（6）检查履带张紧程度。

（7）检查减速箱运转是否良好，有无异响过热现象；检查油位是否适量，有无泄漏。

3）装载部

（1）检查紧固护板螺栓紧固情况。

（2）检查铲板平面螺栓是否松动。

（3）检查耙爪及马达运转情况，有无异响或过热。

（4）检查转盘平面有无上浮现象。

（5）检查减速箱油质、油位，检查油位有无泄漏。

（6）检查各端盖螺栓是否完好、紧固。

（7）检查马达固定情况，接头是否泄漏。

4）第一输送机

（1）检查前后链轮是否磨损或断牙。

（2）清理链轮牙槽。

（3）检查分链器是否牢固、起作用。

（4）检查链子张紧程度，有无跳链、落链、卡链、赶环等现象。

（5）更换磨损的链条、螺栓、连接环及严重变形的刮板。

（6）检查减速器运转是否正常，有无异响、过热；检查油质；检查油位有无泄漏。

（7）检查马达固定情况。

5）后支撑

检查后支撑连接螺栓紧固情况。

6）回转部

（1）检查润滑情况。

（2）检查转动是否有不正常声响，回转时是否挤压管子、电缆。

7）电气部分

（1）检查照明是否正常。

（2）检查线嘴、接线盒、电控箱有无失爆；检查电缆负荷线、控制线有无破皮，是否受挤压。

（3）检查各电机运转有无异响或过热现象。

（4）检查报警、急停是否灵活、可靠；检查启动、停止和停送电按钮、开关是否灵敏。

8）液压部分

（1）检查各液压元件是否漏油，更换受损的高压胶管、接头。

（2）带负荷检查各油缸、马达运转是否正常。

（3）检查液压箱油位、油质。

（4）检查液压泵运转情况，检查各油缸销轴、挡板、螺栓是否完整、齐全、牢固。

9）转载机

（1）检查输送带是否跑偏、打滑，检查张紧是否适宜，检查输送带接头是否完整。

（2）检查电滚筒运转是否正常。

掘进机日检内容见表6-3。

表6-3　掘进机日检内容

序号	部位	项　目	结果（合格划√，不合格划×）
1	截割部	截齿、齿座完好情况，更换挡圈	
		减速箱油位、油质，运转有无过热、异响，有无泄漏	
		喷嘴、喷雾情况	
		电机、切割头运转有无异响，温度是否正常	
		伸缩滚筒有无伤痕，润滑是否良好	
		滚筒是否松动	
2	行走部	运转是否正常，有无异响，是否有碰挤油管、电缆、护板等现象	
		履带护板是否变形	
		履带板、履带链环有无开裂变形	

表6-3（续）

序号	部位	项 目	结果（合格划√，不合格划×）
2	行走部	履带板销轴有无窜出	
		履带板螺栓有无松动、脱落	
		履带张紧程度	
		减速箱运转是否良好，有无异响过热现象	
		减速箱油位是否适量，有无泄漏	
3	装载部	护板螺栓紧固齐全	
		铲板平面螺栓是否松动	
		耙爪及马达运转情况，有无异响或过热	
		转盘平面有无上浮现象	
		减速箱油质情况，油位有无泄漏	
		各端盖螺栓是否完好、紧固	
		马达固定是否牢固，接头是否泄漏	
4	第一输送机	前后链轮是否磨损或断牙	
		链轮牙槽是否清洁	
		分链器是否牢固、起作用	
		链子张紧程度，有无跳链、落链、卡链、赶环等现象	
		磨损的链条、螺栓、连接环及刮板变形情况	
		减速器运转是否正常，有无异响、过热，检查油质，有无泄漏	
		马达固定情况	
5	后支撑	后支撑连接螺栓紧固情况	
6	回转部	润滑情况	
		转动是否有不正常声响，回转时是否挤压管子、电缆	
7	电气部分	照明是否正常	
		线嘴、接线盒、电控箱有无失爆，电缆负荷线、控制线有无破皮，是否受挤压	
		各电机运转有无异响或过热现象	
		报警、急停是否灵活、可靠	
		启动、停止和停送电按钮、开关是否灵敏	
8	液压部分	各液压元件是否漏油，更换受损的高压胶管、接头	

表6-3（续）

序号	部位	项　目	结果（合格划√，不合格划×）
8	液压部分	带负荷检查各油缸、马达运转是否正常	
		液压箱油位、油质情况	
		液压泵运转情况，各油缸销轴、挡板、螺栓是否完整、齐全、牢固	
9	转载机	输送带是否跑偏、打滑，张紧是否适宜，输送带接头是否完整	
		电滚筒运转是否正常	

3. 旬检

（1）检查各电动机接线盒压线是否松动、烧损。

（2）检查电控箱、控制箱接线及各部件、元器件是否松动或有损伤。

（3）检查液压系统各部分压力是否正常。

（4）检查耙爪轴承磨损情况，检查浮动密封是否完好。

（5）检查行走减速箱两侧的轴是否固定完好，固定螺母和防松垫是否完好。

（6）检查液压箱内是否进水。

掘进机旬检内容见表6-4。

表6-4　掘进机旬检内容

序号	项　目	结果（合格划√，不合格划×）
1	各电动机接线盒压线是否松动、烧损	
2	电控箱、控制箱接线及各部件、元器件是否松动或有损伤	
3	液压系统各部分压力是否正常	
4	耙爪轴承磨损情况，浮动密封是否完好	
5	行走减速箱两侧的轴是否固定完好，固定螺母和防松垫是否完好	
6	液压箱内是否进水	

4. 月检

（1）检查保护筒前端的磨损情况。

（2）检查清理中间轴腔的杂物。

（3）检查电机、电滚筒绝缘情况。

（4）拆检耙爪，检查轴承运转情况，检查浮动密封是否完好。

（5）检查回转轴承的紧固螺栓有无松动现象，轴承回转是否平稳。

（6）检查各减速箱的换油情况。

（7）校验油泵的工作压力。

掘进机月检内容见表6-5。

表6-5 掘进机月检内容

序号	项　目	结果（合格划√，不合格划×）
1	保护筒前端的磨损情况	
2	中间轴腔杂物情况	
3	电机、电滚筒绝缘情况	
4	拆检耙爪，轴承运转情况，浮动密封是否完好	
5	回转轴承的紧固螺栓有无松动现象，轴承回转是否平稳	
6	减速箱换油	
7	校验油泵的工作压力	

三、机械传动检修

1. 齿轮及传动齿轮箱检修

（1）齿轮啮合部位若有裂纹、折断、剥落及严重磨损、胶合、点蚀等现象应更换。齿轮的失效标准应根据《悬臂式掘进机 传动齿轮箱检验规范》（MT/T 291.1—1998）规定判断。

（2）齿轮箱体与箱盖上定位销及销孔的配合应满足设计要求。齿轮箱体与箱盖的接合面不应划伤，若有局部划伤，当长度不超过接合面宽度的1/3，深度不大于0.5 mm时，可研平修复。

（3）齿轮箱体不应有变形、裂纹等；箱体允许补焊修复，但应有防变形消除内应力措施。

（4）齿轮箱装配后，转动应灵活无卡阻。

（5）齿轮箱装配后，应按原设计要求进行空载试验，空载试验应运转平稳，无异声、无渗漏现象，其噪声、温升均不得超过《悬臂式掘进机 传动齿轮箱检验规范》（MT/T 291.1—1998）规定。

（6）齿轮装配后，齿面的接触斑点及侧隙应符合原设计要求。

（7）齿轮齿条副装配后，齿面的接触斑点应符合相关要求，侧隙应符合原设计要求。

（8）锥齿轮副若损坏，应成对更换，更换锥齿轮副时，应调整大小锥齿轮的轴向位置，其接触斑点和齿侧间隙应符合要求。

2. 轴及轴孔检修

（1）不允许轴有影响配合要求和强度要求的伤痕。重要轴弯曲挠度不大于 1/2 轴颈公差，否则需配新轴。

（2）轴孔磨损后，在整体强度允许的前提下，可以镶套或焊补修复。

3. 轴承检修

（1）滑动轴承的磨损间隙，不应超过表6－6的规定，否则应更换。

表6－6 滑动轴承最大磨损间隙 　　　　　　　　　　mm

轴承内径	允许游隙
≤30～50	0.05～0.13
>50～80	0～0.15
>80～120	0.07～0.18
>120～180	0.10～0.25
>180～250	0.12～0.30

（2）滑动轴承应无严重烧伤、磨损或脱落现象。

（3）对于脂润滑的轴承，装配后应注入符合规定的润滑脂，注脂量为空腔体积的 1/3～1/2。

（4）滚动轴承的内外圈和滚动体不得有裂痕、脱皮、锈蚀。保持架应完整无损，转动应灵活、无异常噪声。

（5）滚动轴承径向游隙不应超过表6－7的规定，否则应更换。

表6－7 滚动轴承径向游隙 　　　　　　　　　　mm

轴承直径	配合间隙	最大磨损间隙
≤30～50	0.05～0.11	0.15
>50～80	0.07～0.14	0.19
>80～120	0.08～0.16	0.24
>120～180	0.10～0.20	0.30

（6）回转支承滚道淬火软带应置于轻负荷区。

4. 浮动密封检修

（1）密封面亮带应均匀、连续，不得有划伤、拉毛、微裂纹等缺陷，其周边不得有碰伤和缺口。

（2）浮封环应配对使用，不得单独更换。

（3）两浮封座端面之间的间隙应调整至（3±0.5)mm。

5. 链轮检修

（1）链轮齿面应无裂纹、无严重咬伤。出现裂纹、咬伤时，禁止用焊补的方法修复。

（2）主动链轮与从动链轮的轮齿几何中心平面应重合，其偏移量不得超出原设计要求；若原设计未规定，一般应不大于两轴中心距的2‰。

（3）链轮与链条啮合时，应保证啮合平稳，链条非工作边的下垂度应符合原设计要求。

6. 连接件、紧固件、密封件及油脂检修

（1）键槽磨损后允许加宽量为原槽宽的5%，键与键槽之间不允许加垫，损坏键应严格按装配工艺规定重新配制。

（2）各种联轴器的连接配合面不得严重磨损，否则应更换损坏件。联轴器两轴同轴度、端面间隙应符合表6-8的规定。各联轴器要调节正确，以保证各轴运转平稳。

表6-8　联轴器两轴同轴度、端面间隙

类型	外形直径/mm	两轴同轴度		端面间隙/mm
		径向位移/mm	角位移/(°)	
弹性柱销联轴器	≤160	≤0.10	≤30	最大轴向窜动量加1~2
	>160~220	≤0.12		
	>221~410	≤0.15		
齿轮联轴器	≤160	≤0.20	≤30	—
	>160~220	≤0.25		
	>221~410	≤0.30		

（3）螺钉、螺栓、螺母的螺纹部分如有损伤应更换，主要承力部位的螺栓、螺母应全部更换。紧固后其支承面应贴合完好。

（4）检修时，所有橡胶密封圈、橡胶石棉垫及纸垫等密封件均应更换。

（5）传动系统使用的润滑油脂应符合原设计规定。

四、切割机构检修

（1）耐磨层（网）磨平应按原设计要求用耐磨焊条或焊丝堆焊修复，耐磨板损坏严重应更换。

（2）截齿座严重磨损，影响其强度或内孔变形过大，影响使用时应予以更换。更换过程中不得损伤切割头的其他部件。

（3）更换齿座时采用预热和保护焊等特殊工艺，保证与原设计的几何位置相同。

（4）不得损坏截齿尖，截齿体磨损严重应更换。

（5）应使用专用工具和特殊工艺拆卸或装配无键过盈连接的齿轮与轴。

（6）喷嘴若堵塞应修复畅通。如果不能修复要立即更换。

（7）托梁器开焊、变形应修复，达到原设计要求。

（8）外喷雾架开焊、变形应修复，修复后应保证水道畅通。

（9）内喷雾配水装置中易损件、密封件应更换，两金属零件密封面磨损后应成对更换。

（10）切割速度可变的掘进机，其变速器应灵活，手把固定应可靠。

（11）切割臂可伸缩的掘进机，其滑动表面不得锈蚀、损伤，伸缩应灵活、平稳。

五、装运机构检修

（1）装载减速器及其他部位的耐磨板磨损严重时，应及时更换。

（2）安全防撞板中耐磨棒磨损后应补焊修复至原设计要求。

（3）若更换铆接式大锥齿轮时，不得使锥齿轮变形或损伤齿面。

（4）修复后刮板输送机体应无变形、开焊及严重损伤，刮板弯曲变形不大于 5 mm，中板和底板磨损量一般不大于原厚度的 20%。

（5）安全摩擦离合器的打滑扭矩值，应根据设计要求进行调整。

（6）装载部回转机构应灵活，不得有卡阻现象。

（7）耙爪或拨盘与铲板表面之间的间隙应为 2.0～5.5 mm，不允许有局部摩擦。

六、行走机构检修

（1）行走减速器与机架的结合面应完好，若有划伤、凸边等应修平。

（2）履带架若有局部变形应整形，对裂纹、严重磨损等缺陷可焊补修复。

（3）张紧装置中，张紧油缸柱塞镀铬层若有锈蚀、划伤、剥脱等现象应修复或更换；机械张紧装置修复后应灵活可靠。

（4）履带板、履带销轴损坏应更换。

（5）履带板表面上的履刺磨损后，其高度不得低于原高度的40%，否则应更换。

（6）履带板销孔磨损量不得大于直径的10%，否则应更换。

（7）履带支重轮内易损件、密封件应更换；无支重轮的履带滑动耐磨板磨损后应用耐磨材料焊补修复。

七、回转台及机架检修

（1）回转台回转应灵活，回转角度应符合原设计要求。

（2）回转台、机架等大型机件若出现裂纹可焊补修复，但其强度和刚度应符合原设计及使用要求。

（3）机架与回转台、铲板连接的销轴孔、螺孔应完好。若变形、损坏应修复至设计要求。

八、液压系统检修

1. 系统检修要求

（1）液压元件及各种管件在装配前应清洗干净。

（2）按系统原理图要求将系统中各回路的溢流阀调至设计规定值。

（3）油箱中应按设计规定的牌号加足液压油。

（4）检修时应更换过滤器滤芯。

（5）检修时应更换高压胶管，硬管做耐压试验合格后仍可使用。系统管件应齐全，敷设整齐，固定可靠。

（6）液压系统修复后的质量应符合《液压传动　系统及其元件的通用规则和安全要求》（GB/T 3766—2015）的规定。

2. 液压泵、液压马达检修

（1）各种液压泵和液压马达检修后，应经检验合格后方可装机使用。

（2）液压泵若由于密封件损坏达不到性能要求时，可更换密封件。检修后应进行性能测试。压力应达到原液压泵指标，流量不低于系统设计要求。

（3）液压泵主要零件损坏时，应整体更换液压泵。

3. 液压缸检修

（1）液压缸活塞杆镀铬层出现轻微锈斑，整体上不多于 3 处，每处面积不大于 35 mm²，可用油石修复到所要求的粗糙度后，方可允许使用；否则应重新镀铬。修复后尺寸应符合原设计要求。

（2）液压缸活塞杆及缸体内孔表面粗糙度均不得大于 1.6 μm。

（3）液压缸修复后应做耐压试验，当额定压力小于或等于 16 MPa 时，试验压力为其 1.5 倍；当额定压力大于 16 MPa 时，试验压力为其 1.25 倍，保压均不少于 3 min。

4. 液压阀检修

（1）各种阀类密封件应更换。元件损坏应更换新件，修复后应能满足液压系统要求。

（2）阀体上各种配合孔道表面、阀芯表面，以及其他镀层表面不得剥落和出现锈蚀。

（3）阀用弹簧不得有锈迹、腐蚀斑点等，否则应更换。

（4）方向控制阀检修后，应保证其动作灵活，做 1.5 倍额定压力的耐压试验 5 min，应符合《液压元件通用技术条件》（GB/T 7935—2005）的规定。

5. 管件及其他辅助件检修

（1）各种管件不得有裂痕、皱折、压扁等现象，硬管弯曲处应圆滑，软管不得有扭转现象。

（2）管路应排列整齐，装夹牢固，便于液压系统调整和维修。

（3）各冷却器、冷却水管应做 1.5 倍额定压力的耐压试验 5 min，不得有外泄漏。

（4）各种仪表应准确、可靠。

第三节　掘进机润滑

正确的润滑可以防止磨损、生锈，减少发热。掘进机应保证在规定的时间间隔内进行检查和更换润滑油，且保证其油质、油位符合规定要求。

一、液压油管理

（1）保持液压油清洁，防止杂物混入液压油内。

（2）当发现油质不良时，应尽快更换新油。

（3）按规定更换过滤器。

（4）油箱的油量应始终处于规定范围内。

（5）油冷却器内有足够的冷却水通过，以防止油温异常上升。

二、液压油使用

（1）运转期间每隔 2000 h 或者 6 个月更换一次液压油。

（2）当少于规定油量时，应及时补加。

（3）当液压系统中发现了异常物时，应将其全部油量排放掉，并对液压系统进行清理。

（4）按规定时间从油箱内抽取油样进行化验，根据化验结果及抽取油样的时间，决定更换液压油的时间。

（5）不得与其他油种混合使用。

三、润滑油使用

使用润滑油的目的：一方面是向齿轮副、轴承等摩擦表面提供润滑剂，降低摩擦；另一方面起到散热作用。掘进机减速箱一般使用重负荷工业齿轮油 N320。

（1）由于在最初开始运转的 300 h 左右的时间内，齿轮及轴承完成了跑合，产生了少量磨损，应予以更换润滑油。

（2）初始换油后，相隔 1500 h 或者 6 个月内必须再更换一次润滑油。更换新润滑油时，应先清洗掉齿轮箱体底部附着的沉淀物，再加入新油。

（3）按规定时间从油箱内抽取油样进行化验，根据化验结果及抽取油样的时间，决定更换润滑油的时间。

（4）设备正常使用过程中，必须严格按照润滑图表的规定注油或更换润滑油。

第七章　掘进机常见事故及预防措施

第一节　掘进机的安全操作及常见违章行为

一、掘进机的安全操作

掘进机司机必须经过专门培训、考试合格后，方可持证上岗。掘进机司机必须熟悉机器的结构、性能、动作原理，能熟练准确地操作机器，并懂得一般性维护保养和故障处理知识。

（1）必须坚持使用掘进机上的所有安全闭锁和保护装置，不得擅自改动或甩掉不用，不能随意调整液压系统、雾化系统各部的压力。

（2）掘进机必须装有只准以专用工具开闭的电器控制开关，专用工具必须由专职司机保管。司机离开操作台时，必须断开掘进机上的电源开关。

（3）在掘进机非操作侧，必须装有能紧急停止运转的按钮。

（4）掘进机必须装有前照明灯和尾灯，除保证掘进机照明完好外，在工作面规定范围内巷道顶部加设专用照明装置，满足工作面照明需求，照明不完好时严禁作业。

（5）开动掘进机前，必须发出警报。只有在铲板前方和截割臂附近无人时，方可开动掘进机。工作过程中要密切注意围岩情况及机器运转情况，若发现异常应立即停止工作，查明原因，及时处理。

（6）掘进机作业时，应使用内外喷雾装置，内喷雾装置的使用水压不得小于 2 MPa，外喷雾装置的使用水压不得小于 4 MPa。掘进机水量不足或无水及迎头周围 20 m 范围内未冲刷煤尘时，严禁截割施工。

（7）掘进机停止工作或检修时，必须将掘进机退出工作面 5 m，截割头落地，并断开掘进机上的电源开关和磁力启动器的隔离开关，盖上截割头防护罩。

（8）各种电气设备控制开关的操作手柄、按钮、指示仪表等要妥善保护，防止损坏、丢失。

（9）掘进机必须配备正副两名司机，正司机负责操作，副司机负责监护。

司机必须精神集中，不得擅自离开工作岗位，不得委托无证人员操作。

（10）掘进机司机必须严格执行现场交接班制度，填写交接班日志，对机器运转情况和存在问题要向接班司机交代清楚。

（11）司机工作时要集中精力，开机要平稳，看好中线。前进时将铲板落下，后退时将铲板抬起。发现有冒顶预兆或危及人员安全时，应立即停机，切断电源。

（12）掘进机运行期间，掘进机两侧、前方以及第二输送机摆动范围内严禁有人工作或逗留。

（13）掘进机必须安装瓦斯传感器并保证能够正常使用。

（14）上（下）山掘进，若坡度大于16°时，应采取防滑措施。停机时必须将掘进机后支撑打起，严禁用钢丝绳将掘进机固定在永久支护锚索上进行牵引。

（15）掘进机后退困难时，可在履带下支垫板皮、废旧圆木等，以增加履带的摩擦力。

（16）加强油脂管理。合格的油脂是保证掘进机正常运转的前提，变质油脂必须立即更换，定期清理油箱、过滤器和液压系统的污染物，油箱口应密封好。由专职检修人员每天清理掘进机卫生，定期对各注油孔加油，以增加其润滑性。

二、掘进作业人员常见的违章行为

（1）作业前不检查帮顶支护情况，不检查掘进机各部件是否完好、带病作业。

（2）冲击地压区域掘进机操作人员不戴防震帽，不穿防震背心。

（3）巷道中有淋水时，未采取措施防止进水及防潮。

（4）粉尘浓度超标情况下继续作业。

（5）掘进工作面风量不足照常作业。

（6）危岩、活矸未处理完就在该地点进行其他作业。

（7）掘进机开机时不及时开冷却喷雾。

（8）掘进机启动前不发出信号警报，不进行空载试运转。

（9）不按截割图表作业，控顶距离超过作业规程规定。

（10）掘进机操作人员离开操作台时未切断电源开关。

（11）检修掘进机时，其他人员在截割臂和转载桥下方停留或作业。

（12）班中需更换或补充截齿时，未断开掘进机电气控制回路，也未切断掘进机供电电源。

（13）掘进机截割遇有硬岩时，没有保护掘进机受损伤的防护措施。

（14）带负荷启动，过负荷运转。

（15）调整速度时，不注意机器的平稳情况，由慢到快，产生冲击；掘进机后退时不将铲板抬起。

（16）行走时如履带松弛或发出声响，没有及时张紧履带。

（17）发现操作手把按钮失灵时，没有立即停机检查处理，强行使用。

（18）班中临时停机，在未断开电气控制回路开关的情况下，离开岗位。

第二节　掘进作业常见的伤人事故及其预防

一、掘进机停止运转期间发生的伤人事故

1. 作业人员从掘进机上坠落的事故

（1）主要原因：①个人自主保安意识不强，在工作期间麻痹大意；②掘进机倾斜，人员在掘进机上站立不稳而滑倒坠落。

（2）预防措施：①提高职工的自主保安意识，在掘进机上工作期间，精力集中，杜绝麻痹大意现象；②掘进机停用期间要放平，尤其是人员站在掘进机截割部进行架棚等作业时，截割部更要放平；③文明生产，杜绝掘进机上浮煤等杂物的堆积，定期对掘进机进行清理。

【案例】某年12月8日，某矿掘进工作面，掘进工作结束后，进行架棚梁工作，由于掘进机操作人员把掘进机放置得倾斜，工作时，1名工人因站立不稳从掘进机上摔下；加上地面有浮煤等杂物，造成脚部骨折。

2. 掘进机检修期间发生的伤人事故

掘进机检修期间发生的伤人事故主要有：掘进机盖板挤手砸脚事故、漏电伤人事故、起吊重物坠落伤人事故、截割臂升降油缸液压锁失灵导致截割头突然下落伤人事故、后支撑液压缸突然下落造成伤人事故。

（1）主要原因：①机体盖板类有油脂存在或检修人员手脚有油脂，导致在操作期间发生打滑而出现挤手或砸脚事故；②电缆、电动机等电器漏电，以及供电线路检漏保护失灵，致使人员触电；③截割头液压锁失灵，人员在操作台上扳动操作手把，致使截割头突然下降，而砸伤截割头下及周围人员；④后支撑升起后，没有在履带下打木垛支撑，人员在操作台上扳动操作手把，致使撑起的机体突然下降，砸伤掘进机下及周围人员。

（2）预防措施：①要经常清理掘进机机体上的油脂，操作人员的手上、脚上要杜绝油脂存在，工作时要戴好手套等劳动保护用品。②要经常检查掘进机电

气设备，发现漏电现象要及时处理，尤其是供电线路上的检漏装置漏电跳闸时，要查明原因，杜绝强行送电。③要及时更换失灵的截割臂升降油缸液压锁；严禁人员在没有采取任何安全措施的前提下，在截割臂下方作业；掘进机停用期间，严禁无关人员操作液压操作台上的手把；人员确需在截割头下作业时，要设专人看管操作台，并采取可靠的防止截割头下落的安全措施。④在掘进机下方作业时，升起后支撑后，要在两侧履带上或机体下方打上木垛支撑，后支撑液压缸升起后，设专人看管操作台，严禁无关人员随便动操作台上的手把，在没有采取任何安全措施的情况下，严禁人员进入掘进机下工作。

【案例】某年 5 月 30 日，某矿 3301 掘进工作面发生一起掘进机伤人事故，造成 1 人死亡。

5 月 30 日 10 时 40 分，掘进施工第二茬完毕后，掘进机司机李某将掘进机截割头停放在迎头，切断掘进机电源和磁力起动器的隔离开关，并挂好"禁止作业牌"。

11 时许，电工刘某和机工马某在没有与迎头生产人员联系的情况下，开始检修掘进机。

马某让刘某送掘进机电源，检查开动履带是否存在隐患。刘某在马某的要求下，送掘进机电源。马某启动油泵电机，给刘某做履带运行控制手柄操作示范后，翻越到掘进机左侧准备检修履带。刘某在操作台右侧开始操纵左侧履带控制手柄，履带转速较低，于是马某喊"开起来"，但刘某误操作了掘进机截割头按钮，截割头突然旋转起来，将站在迎头支护的马某下肢绞伤。马某经抢救无效死亡。

二、掘进机运转期间造成的伤人事故

1. 掘进机挤人事故

（1）主要原因：在掘进机工作期间，掘进机前方及两侧有人，非掘进机操作人员或掘进机操作人员及周围人员注意力不集中，麻痹大意所致。

（2）预防措施：①工作期间，掘进机前方及两侧严禁有人，否则严禁开机；②严禁无证人员操作掘进机；③掘进机操作人员在工作期间要集中注意力，随时注意掘进机前方及两侧的变化，发现有人员工作或停留时立即停止掘进机。

【案例】某年 6 月 15 日，某矿掘进工作面，掘进机开机前，掘进机操作人员因有事没说明就离开了，1 名支护工见掘进机操作人员不在，就擅自启动掘进机，将左侧 1 名作业人员挤伤。

2. 烫伤事故

（1）主要原因：由于掘进机的油温过高，造成高压油管、阀组等液压元件漏油，喷出的液压油引发烫伤事故。

（2）预防措施：①严禁无水开机；②及时更换胶皮脱落的高压油管；③用盖板对掘进机高压油管、阀组等液压元件进行封闭；④油温过高时严禁开机；⑤掘进机操作人员操作时必须穿好工作服等劳动防护用品。

3. 砸伤事故

（1）主要原因：大块煤从掘进机转载带上掉落，或者转载带小跑车从轨道上脱落，砸伤人员。

（2）预防措施：①工作期间，人员严禁在掘进机转载带周围工作或停留，设专人看管转载带小跑车，严防掉道现象的发生；②在转载带小跑车处，设立能紧急停止掘进机运转的"急停"开关，当发现险情时，看管小跑车的人员立即拉下"急停"开关，停止掘进机的运转；③截割时，尽量减少大块煤或矸石。

4. 瓦斯事故

（1）主要原因：瓦斯浓度超限造成的窒息事故和爆炸事故。

（2）预防措施：①要按规定检测掘进工作面的瓦斯情况，发现异常情况要立即通知现场作业人员，以便采取相应措施。②风筒到迎头的距离要符合作业规程的要求，杜绝风筒脱节或扎破风筒的现象。③掘进机上必须安装能切断掘进机供电回路电源的瓦斯断电仪，并正确使用。报警时必须立即停止掘进机运转，查明原因，采取措施；否则，严禁开机。④保持电气设备完好，消灭失爆现象，杜绝外因火源的存在。⑤现场作业人员如发现胸闷、心跳加快、呼吸困难等缺氧征兆时，要立即撤出人员，加强通风。

5. 煤尘事故

（1）主要原因：煤尘对人体健康造成危害及煤尘爆炸。

（2）预防措施：①对巷道进行洒水降尘，消除煤尘积聚现象。②采用湿式除尘风机进行通风，安装全断面喷雾并正常使用，降低工作面粉尘浓度。③风筒到工作面的距离要符合作业规程的要求。④工作面作业人员要佩戴防护口罩。⑤保持电气设备完好，消灭失爆现象，杜绝外因火源的存在。⑥掘进机截割过程中必须开喷雾降尘；否则，不得开机截割。

三、掘进机突然启动造成的伤人事故

（1）主要原因：在更换掘进机截齿、检修或从事与掘进机有关的其他工作时，因人员的误操作造成掘进机突然启动而发生伤人事故。

（2）预防措施：①更换截齿时，必须断开电气开关箱上的隔离开关，切断掘进机的供电电源；②除掘进机操作人员外，严禁其他无关人员操作掘进机；③掘进机抢修或从事与掘进机有关的其他工作时，必须按下电气操作箱上的"急停"开关，并可靠闭锁，或者断开电气开关箱上的隔离开关，切断掘进机的供电电源，并设专人看管或监护。

【案例】某年 3 月 10 日，某矿掘进工作面，1 名工人对截割头截齿进行更换维修时，为了省事，掘进机操作人员只按操作箱上的"急停开关"，没有可靠闭锁，也没有断开电气开关箱上的隔离开关，并坐在座位上与另 1 名工人说话，掘进机突然启动，将正在更换截齿的工人割伤致死。

安全操作技能

模块一　掘进机作业前安全检查

项目一　掘进机作业前环境安全检查

1. 环境检查

（1）在掘进机规定范围内无人员和障碍物。开机前，在确认铲板前方和截割臂附近无人时，方可启动。采用遥控操作时，司机必须位于安全位置。

（2）机载甲烷断电仪或便携式甲烷检测报警仪完好、可靠，甲烷浓度不超过1.0%。

（3）通信联络畅通。

2. 顶板检查

（1）工作面顶板支护牢靠。

《煤矿安全规程》规定，临时和永久支护距掘进工作面的距离，必须根据地质、水文地质条件和施工工艺在作业规程中明确，并制定防止冒顶、片帮的安全措施。

在松软的煤（岩）层、流砂性地层或者破碎带中掘进巷道时，必须采取超前支护或者其他措施。

（2）工作面支护距离合理，符合规定。

《煤矿安全规程》规定，掘进工作面严禁空顶作业。临时和永久支护距掘进工作面的距离，必须根据地质、水文地质条件和施工工艺在作业规程中明确。

3. 局部通风检查

（1）风筒完好，吊挂平、直。

（2）风筒出风口到工作面迎头的距离合理，符合规定。

《煤矿安全规程》规定，压入式局部通风机和启动装置安装在进风巷道中，距掘进巷道回风口的距离不得小于10 m。

因故停止运转，在恢复通风前，必须首先检查瓦斯浓度，只有停风区中最高甲烷浓度不超过1.0%和最高二氧化碳浓度不超过1.5%，且局部通风机及其开关附近 10 m 以内风流中的甲烷浓度都不超过 0.5% 时，方可人工开启局部通风机，恢复正常通风。

只有恢复通风的巷道风流中甲烷浓度不超过 1.0% 和二氧化碳浓度不超过 1.5% 时，方可人工恢复局部通风机供风巷道内电气设备的供电和采区回风系统内的供电。

4. 供水管路和电气装置检查

（1）工作面供水管路完好。

（2）电气装置无"失爆"现象，电源隔离开关处于断开位置，保护接地完好、可靠。

（3）各种开关布置合理，电缆吊挂标准。

（4）掘进机配套设备正常。

（5）电缆、水管、喷雾灭尘装置正常。

项目二　掘进机运行装置安全检查

1. 操作装置检查

（1）紧急停机按钮等各种电气操作按钮、旋钮灵敏、可靠。紧急停止按钮如图 8-1 所示。

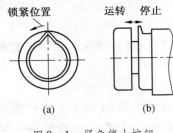

图 8-1　紧急停止按钮

（2）各液压操作手把操作灵活，无损坏，并全部置于"0"位。

（3）操作信号装置安装位置正确，能够清晰地发送操作报警信号。

2. 连接装置检查

（1）各连接件如螺栓、销、轴等齐全、完好。

（2）连接正确、可靠。

3. 截割装置检查

（1）截齿、挡圈齐全、无损坏。

（2）齿座牢固，喷嘴完好。

4. 传动装置检查

（1）履带、刮板链连接牢靠、松紧适度。

（2）减速器、液压缸及油管、液压管等无泄漏。

5. 喷雾装置检查

（1）内外喷雾装置完好。

（2）内喷雾工作水压不小于 2 MPa。

（3）外喷雾工作压力不小于 4 MPa。

项目三　掘进机安全试运转

1. 掘进机试运转准备

闭合远程距离开关，给掘进机送电→解锁掘进机紧急停机按钮→打开操作台电源开关→打开前后照明装置→发送开机警报信号。

2. 试运转

启动液压油泵→启动转载机→启动输送机→启动耙爪（星轮）→升起截割头到水平位置→升起后支撑→抬起铲板→启动截割电机→打开喷雾装置→操纵截割头左右摆动，确认试运转状态正常。

项目四　掘进机各换向阀操作（以 EBZ150A 型为例）

EBZ150A 型掘进机控制换向阀分为两组，司机座席前是第一阀组（图 8－2），司机右侧是第二阀组（图 8－3），在阀组相应位置都有操作指示板，司机应熟记操作方法，避免由于误操作而造成事故。

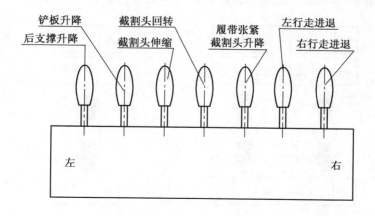

图 8－2　前端控制手柄（第一阀组）

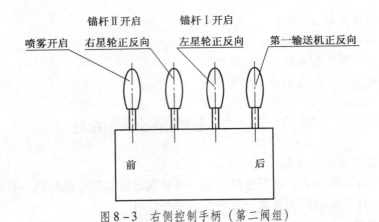

图8-3 右侧控制手柄（第二阀组）

1. 行走阀组操作

（1）控制行走的阀组有两个手柄，左侧手柄控制左侧履带行走，右侧手柄控制右侧履带行走，如图8-4所示。

（2）将手柄向前推，即向前行走；将手柄向后拉，即向后退。

（3）弯道时，根据弯道转向，两个手柄要同时向相反方向拉动。注意：在比较狭窄的巷道内转弯时，前部截割头及后部第二输送机不要碰撞左右支柱，以免造成事故。

2. 履带张紧回缩操作

（1）张紧油缸操作：履带张紧油缸与截割头升降油缸共用一组换向阀，操作方法如图8-5所示。履带张紧油缸张紧前，将铲板和后支撑支起，即将履带

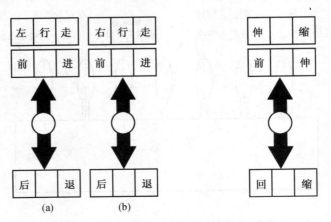

图8-4 履带行走手柄操作　　图8-5 履带张紧手柄操作

抬起，打开操作台中的高压截止阀，将换向阀手柄向前推，张紧油缸开始动作。在此过程中注意履带的下垂度，其值为 30～50 mm；操作换向阀时要缓慢推动手柄，并注意观察油缸运行速度。张紧完成后装上油缸卡板，手柄回中位油缸卸荷，关闭高压截止阀。

注意：推动手柄时不要将手柄推到最大位置，因为此时该阀的流量最大，而油缸行程很短（120 mm），致使张紧油缸运动速度过快，进而导致液压冲击破坏油缸密封。

（2）张紧油缸回缩：将铲板和后支撑支起，取出油缸卡板后关闭油泵，打开高压截止阀，换向阀手柄在中位，由履带自重使油缸活塞杆回缩。

3. 铲板升降操作

若将手柄向前推，铲板向上抬起，铲尖距地面高度可达 342 mm；将手柄向后拉，铲板落下与地板相接，铲板可下卧 356 mm，操作方法如图 8-6 所示。

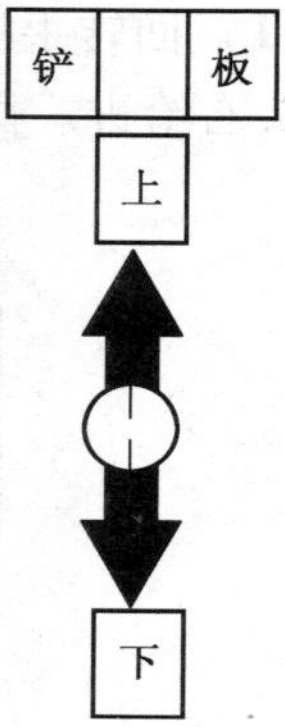

注意：当铲板抬起、截割头处于最低位置时，截割臂下面与星轮相碰，将会给掘进机带来不利影响。截割时应将铲尖与地板压接，以防止机体振动；行走时必须抬起铲板。

4. 星轮运转操作

左右控制手柄，分别控制左右星轮，操作方式如图 8-7 所示。将手柄向外推，星轮反转；将手柄向内拉，星轮正传；当手柄置于中间位置时，星轮停止。

图 8-6　铲板升降操作

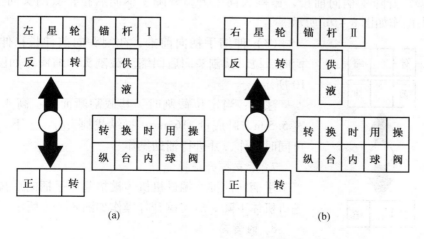

(a)　　　　　　　　　　　(b)

图 8-7　星轮、锚杆机运转操作

5. 第一输送机操作

如图 8 - 8 所示，将手柄向外推，输送机反转；将手柄向内拉，输送机正转。

注意：该输送机的最大通过高度为 450 mm，因此，当有大块煤或矸石时，应事先破碎后再运送；当输送机反转时，不要将输送机上面的块状物卷入铲板下面。

6. 截割头操作

（1）回转手柄由中间位向前推，截割头左给进；回转手柄由中间位向后拉，截割头右给进。截割头操作如图 8 - 9a 所示。

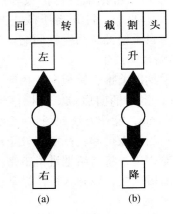

图 8 - 8　第一输送机操作　　　　图 8 - 9　截割头操作

（2）升降手柄向前推，截割头向上升；升降手柄向后拉，截割头向下降。截割头操作如图 8 - 9b 所示。

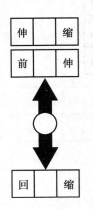

图 8 - 10　截割头伸缩操作

（3）伸缩手柄向前推，截割头向前伸长；伸缩手柄向后拉，截割头向后回缩。截割头伸缩操作如图 8 - 10 所示。

注意：当定位截割时，其截割断面为：高 4.8 m、宽 5.5 m、卧底量 216 mm；操纵截割头时，上下、左右可同时动作，并进行辅助操作。

7. 后支撑升降操作

手柄向前推，掘进机机体被抬起；手柄向后拉，掘进机机体下降。后支撑升降操作如图 8 - 11 所示。

8. 内喷雾泵操作

手柄向里拉，喷雾泵被启动，实现截割头内喷雾；

手柄向外推至中间位置，内喷雾泵停止，如图 8 - 12 所示。注意：不要只使用内喷雾泵，必须内外喷雾同时使用；保证先开内喷雾后再进行截割；喷雾泵启动前，应将司机座席右侧截割头外喷雾用的阀门打开，确认是否有外喷雾。如果此阀门处于关闭状态，将会造成喷雾泵损坏；严禁手柄向外推，使内喷雾泵反转。

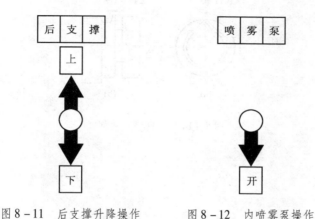

图 8 - 11　后支撑升降操作　　　　图 8 - 12　内喷雾泵操作

9. 锚杆机接口的控制操作

将左右星轮的手柄至于中间位，将操作台内球阀（两个）转于锚杆机接通位置。待锚杆机准备就绪，将星轮控制手柄向前推，给锚杆机供油，驱动锚杆机运转，如图 8 - 7 所示。

10. 检测压力操作

操作台上装有压力表Ⅰ、压力表Ⅱ、压力开关。通过压力表开关的位置，可以分别检测各处的油压状况，如图 8 - 13 所示。注意：行走制动压力不超过 5 MPa。

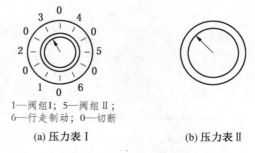

1—阀组Ⅰ；　5—阀组Ⅱ；
6—行走制动；　0—切断

　　(a) 压力表Ⅰ　　　　　　　(b) 压力表Ⅱ

图 8 - 13　压力表及压力表开关位置

11. 液温液位计

在油箱侧面由液温液位计指示液压系统油温和油箱油量。注意：当油温超过 70 ℃时，应停止掘进机工作，对液压系统及冷却水系统进行检查，待油温降低以后再开机工作。

12. 紧急停止

当机械设备或人身安全处于危险时，可直接按动紧急停止开关，此时全部电机停止运行，如图 8 - 14 所示。紧急停止开关分别装在电气开关箱和油箱前部。

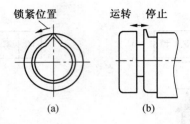

图 8 - 14　紧急停止按钮

模块二　掘进机安全操作

项目一　掘进机开机安全操作

打开操作台电源开关→打开前后照明装置→发送开机联系信号→启动液压油泵→启动转载机→启动输送机、启动耙爪（星轮）→升起截割头到水平位置→升起后支撑→抬起铲板→打开供水阀。

项目二　截割安全操作

发送截割警报信号→运行掘进机到截割位置→放下铲板→落下后支撑→启动截割电动机→打开喷雾装置→操纵截割头进行截割作业。

为了缩短单位截割时间，提高掘进效率，应根据不同的煤层地质条件、煤层软硬程度，选择合理的截割方式与程序。

1. 选择截割方式应掌握的一般原则

（1）有利于顶板控制和维护。

（2）以较小的截割阻力钻进和开切。

（3）尽量增加钻进深度，减少截割头的空行程。

（4）不出或少出大块煤、矸，以利于转载和运输。

2. 选择截割程序应掌握的一般原则

截割头在巷道工作面上截割移动的路线，称为截割程序。掘进工作面截割程序的合理选择，取决于巷道断面积、煤岩硬度、顶底板状况、有无夹矸、夹矸分布等。确定掘进工作面的截割程序应遵循下述原则：

（1）较均匀的中硬煤层，先割柱窝、掏底槽，由下向上横向截割。

（2）半煤岩工作面先割软后割硬，先掏槽后割底，在煤岩分界线的煤侧钻进开切，沿线掏槽。

（3）层理发达的软煤层，采用中心开钻，四边刷帮。

（4）对破碎顶板，采用留顶煤先割两帮、中间留煤垛的方法。

（5）工作面切割应注意煤或岩的层理，截割头沿层理移动切割阻力较小，不应横断层理；无论采取哪种方法截割，都必须铲板落地，注意扫底，防止出现越掘越高的现象。

（6）当遇有硬岩时，不应勉强截割。对有部分露头硬石，应首先截割其周围部分，使其坠落。对大块坠岩需经过处理后再进行装载。

（7）当掘柱窝时，应将截割头伸到最长位置，同时将铲板降到最低位置向下掘，然后在此状态下将截割头向后收缩，可将煤岩拖拉到铲板附近，以便装载。然后，还需用人工对柱窝进行清理。

（8）利用截割头上下、左右移动截割，可截割出初步断面形状。如果不能熟练操作掘进机，所掘出的断面形状和尺寸与所要求的断面有一定差距。例如，当掘进较软煤壁时，所掘出的断面尺寸往往大于所要求的断面尺寸，这样就会造成掘进时间延长，以及支护材料浪费。而掘进较硬煤壁时，所掘出的断面尺寸往往小于要求的断面尺寸。如果截割断面与需要的形状和尺寸有一定差别，可进行二次修整，以达到断面形状、尺寸要求。在掘进机操作时，应按规定的断面尺寸进行掘进，要求操作者既要熟练掌握操作掘进机的技术，又要了解工作面的具体状况。

3. 截割参数选择

掘进机切割落煤时，首先在工作面进行掏槽，掏槽位置一般在工作面下部。开始时设备逐步向前移动，截割头切入工作面煤或岩石一定深度（截深）后，停止设备移动，操纵装载机构的铲板紧贴工作面底板作为前支点，机尾后支撑也同样紧贴底板作为后支点，提高设备在切割过程中的稳定性。最后再摆动悬臂切割头切落出整个巷道的煤或岩石。

掘进机截割头的最佳切割深度应根据所截割煤岩的性质、顶板状况和支架棚距的规定，以及通过落煤效果和切割 1 m 巷道所耗时间最短来确定。每台设备一般推荐一个最佳数值，可酌情选择。

截割头的切割厚度取决于煤岩的截割阻力，以牵引油缸回路尽量不溢流、截割电机接近满载、设备不产生强烈振动及落煤效率最高为原则，一般推荐为截割头直径的 2/3。

掘进机作业过程中应注意：

（1）操作人员必须经培训考核合格后，持有掘进机司机操作证方可操作掘进机。

（2）启动油泵、电机前，应检查各液压阀和供水阀的操作手柄，必须处于中间位置。

（3）操作手柄时要缓慢平稳，不要用力过猛。

（4）截割头必须在旋转情况下才能贴靠工作面。

（5）截割时要根据煤或岩石的硬度，掌握好截割头的切割深度和切割厚度，截割头进行切割时应点动操作手柄，缓慢进入煤壁切割，以免发生扎刀及冲击振动。

（6）设备向前行走时，应注意扫底并清除机体两侧的浮煤，扫底时应避免底板出现台阶，防止产生掘进机爬高。

（7）调动设备前进或后退时，必须收起后支撑，抬起铲板。

（8）截割部工作时，若遇闷车现象应立即脱离切割或停机，防止截割电动机长期过载。

（9）对大块掉落煤岩，应采用适当方法破碎后再进行装载；若大块煤岩被龙门卡住时，应立即停车，进行人工破碎，不能用刮板输送机强拉。

（10）液压系统和供水系统的压力不准随意调整，若需要调整时应由专职人员进行。

（11）注意观察油箱上的液位、液温计，当液位低于工作油位或油温超过规定值（70 ℃）时，应停机加油或降温。

（12）开始截割前，必须保证冷却水从喷嘴喷出。

（13）设备工作过程中若遇到非正常声响和异常现象，应立即停机查明原因，排除故障后方可开机。

4. 顶板破碎、直接顶易冒落掘进工作面的截割方法

顶板破碎、直接顶易冒落掘进工作面，为了减少顶板暴露时间，宜将工作面分两次截割，先截割工作面 1/3 的宽度后再截割剩余的 2/3 宽度。其截割轨迹如图 9 – 1 所示。

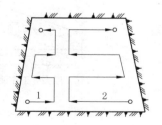

图 9 – 1　破碎顶板下
工作面截割示意图

5. 易片帮掘进工作面的截割方法

掘进机在易片帮工作面作业时，应根据不同情况采取不同措施，以控制片帮。

（1）一般易片帮煤层中，宜先割中间，后刷帮，尽量缩短两帮的暴露时间。其截割轨迹如图 9 – 2a 所示。

（2）在倾斜易片帮煤层中，易先截割下帮，后截割上帮，先底部后顶部，最后上角收尾，其截割轨迹如图 9 – 2b 所示。

6. 遇有夹矸掘进工作面的截割方法

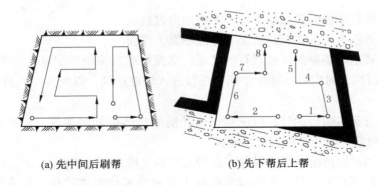

(a) 先中间后刷帮　　　　　(b) 先下帮后上帮

图 9-2　易片帮工作面的截割方法

工作面遇有夹矸时，应根据夹矸软硬程度和厚度分别处理。

（1）一般较软的夹矸，可以采用正常的方法与煤层同时截割。

（2）对于稍硬的夹矸，不宜用截割头按正常方法截割时，充分考虑自由面的作用，先在夹矸下的煤层中进行掏槽，然后用低速对夹矸进行截割，夹矸比较容易崩落。其截割方法如图 9-3 所示。

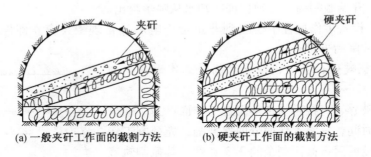

(a) 一般夹矸工作面的截割方法　　(b) 硬夹矸工作面的截割方法

图 9-3　遇有夹矸掘进工作面的截割方法

（3）对于较硬的夹矸（$f \geqslant 6$），不能用截割头进行截割时，宜在夹矸周围进行截割，使夹矸坠落，然后处理大块夹矸。其截割方法如图 9-3b 所示。

（4）对于较硬的夹矸（$f \geqslant 6$），且厚度超过 300 mm 时，应采取放震动炮，然后再进行截割。爆破时应将掘进机退出 15 m 以上并采取防炮崩措施。

7. 遇有变坡时的截割方法

（1）掘进机由平巷转入坡度小于 15° 的上坡截割时，截割头割煤时应稍高于铲板前沿，进一刀后，铲板稍抬起前进，逐步把底顶板升高，以适应上山的需要。当达到规定的倾斜角度时，再按正常方法放下铲板截割。其截割方法如图9-4a 所示。

（2）掘进机由平巷转入坡度大于15°上坡截割时，如果超过掘进机本身的截割高度，可将掘进机退回6~7 m，将掘进机前用木板垫高，然后将掘进机开到木板上，使机体前部抬高进行截割。其截割方法如图9-4b 所示。以后每进一刀都要调整垫板一次，直至达到规定坡度，再撤去垫板。

（3）掘进机由平巷转入坡度小于16°下坡截割时，应下放铲板，截割头卧底截割。随着机体前进，随放铲板。

（4）当下山坡度超过掘进机卧底的性能时，可利用后支撑在设备后部履带

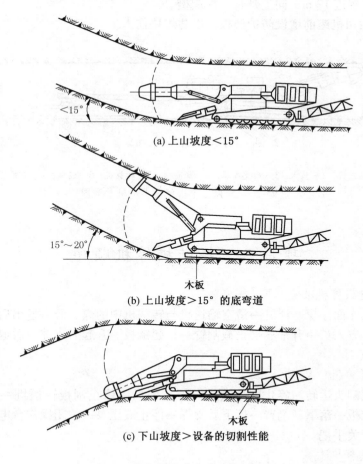

(a) 上山坡度<15°

(b) 上山坡度>15°的底弯道

(c) 下山坡度>设备的切割性能

图9-4　掘进机在变坡状态下截割

下加垫板，在机体呈前低后高的状态下截割，以便增加卧底功能进行截割。其截割方法如图 9 - 4c 所示。

8. 掘进机在大坡度上山掘进时的防滑措施

掘进机的爬坡能力一般为 12°～16°，超过其最大爬坡能力时将失去制动能力产生自滑。为此，在大坡度工作面施工时应采取防滑措施。

（1）在设备后支撑座上增设"加高器4"，如图 9 - 5 所示，以保证设备在倾角大于上山坡度掘进时，制动有效，不致下滑。

（2）在掘进机履带后部增设"垫木2"，以增加履带摩擦阻力，防止下滑。

（3）在转载机与溜槽之间增设"承载轨道7"，以保证转载机能准确地向溜槽卸煤。每掘进 12 m，向上延长一次溜槽。

（4）在司机座前增设防护挡板，以防煤块伤人。

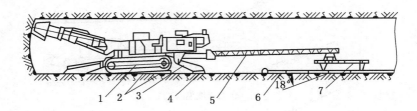

1—掘进机；2—垫木；3—后支撑器；4—加高器；5—转载机；6—溜槽；7—承载轨道

图 9 - 5　15°以上上山使用掘进机示意图

项目三　掘进机停机顺序

1. 掘进机停机准备

清理工作面浮煤、浮矸→清空输送机与转载机中的煤、矸→发出后退警报信号→撤离后方人员→升平、摆正截割臂→抬起铲板→升起后支撑→后退到安全位置。

2. 正常停机

停止截割头运转→停止内外喷雾→停止耙爪→停止刮板输送机→停止转载机→放下铲板→落下截割臂→落下后支撑→停止液压泵→关闭操作台电源开关→取下电源开关手把。

3. 紧急停机

按动紧急停机按钮，停止运行→处理有关紧急停机情况→确认危急情况排除→解锁紧急停机按钮→报告紧急停机情况。

项目四　收工安全操作

断开远程电源隔离开关→清理作业现场→填写当班作业记录→进行现场交接班。

参 考 文 献

［1］兖矿集团有限公司．煤矿工人技术操作规程［M］．北京：煤炭工业出版社，2002.

［2］煤矿工人技术操作规程编委会．煤矿工人技术操作规程［M］．北京：煤炭工业出版社，2002.

［3］刘长岭．井下电工［M］．徐州：中国矿业大学出版社，2002.

［4］刘光荣．掘进机司机［M］．北京：煤炭工业出版社，2004.

［5］国家安全生产监督管理总局，国家煤矿安全监察局．煤矿安全规程［M］．北京：煤炭工业出版社，2016.